植物修剪实操指南

科学的“窍门”

在什么时间修剪哪个部位最合适

■[日]上条祐一郎 著 ■赵娜 郑君帼 译

中国·武汉

前　言

只要知道了窍门，每个人都可以成为植物修剪专家

学习让苗木变得美观又不伤及它们的修剪方法

在对苗木进行的管理中，大部分被称为“修剪”。我们常常可以听到诸如“觉得一定得剪却不知该怎么下手”“一到苗木面前却不知道该剪哪里”之类的说法。庭院中的树木多种多样，即使看过指导修剪的书籍，想必在实际操作上也很难记住所有的修剪方法。

修剪这件事难倒了许多人，即使是经验丰富的园艺师也不敢说自己把每个树种的修剪方法都背了下来。他们依据每种类型的苗木大致的修剪方法，并基于经验判断，在每个时期的特定环境下应该修剪到什么程度。

换句话说，即便树种不同，只要是同一种类型，就会有共通的窍门。正是因为知道这些窍门，园艺师们才能应对不同的树种。

此外，我们常常评价擅长修剪的人“具有修剪的品位”。这种品位就是指“通过观察自然的树木，

重现其姿态的技术”，其中也存在着一些优秀的园艺师从过往的经验中提炼和传承下来的窍门。这就是在深刻理解植物的树形和生长方式的基础上，顺应这两者进行修剪的方法。在理解了这种方法之后，可以在不伤及树木的前提下，让树木变得更加美观。如果能理解“为什么要这样剪”，任何人都可以成为修剪方面的专家。

本书将具有多年经验的园艺师所拥有的修剪的窍门以面向大众的方式进行了提炼，再结合图片和照片简明易懂地加以说明，同时在内容上也重新进行了编排，以适应现代树种和环境需求。

无论是现在家中就有苗木，还是今后打算在自家花园中种植苗木，希望在本书中介绍的修剪方法可以帮助到您。

上条祐一郎

【参考书籍】
《修剪导航！一本书读懂庭院树木的修剪》（上条祐一郎，NHK 出版）、《图版小庭院中的植物修剪与整枝》（船越亮二，讲谈社）、《果树园艺学》（米森敬三 编，朝仓书店）、《图解自然树形》（平井孝幸，讲谈社）、《庭院树木修剪诀窍精选》（新井孝次郎 编，小学馆）、《树木学》（彼得托马斯，筑地书馆）、《山田香织教你盆栽基础》（山田香织，NHK 出版）、《树木的讯息》（诚文堂新光社）、《绿篱图鉴》（日本植木协会，经济调查会出版部）、《花园植物图鉴大全》（日本植木协会 编，讲谈社）、《花蕾的一生》（田中修，中央公论新社）和《植物之谜》（日本植物生理学会 编，讲谈社）等。
【图片摄影】
杉山和行（讲谈社写真部）
【图片提供】
上条祐一郎
【图版设计】
梶原由加利、すどうまさゆき

修剪之前

树木是什么样的植物？

要想理解树木的修剪方法，就必须了解树木。

树木（木本植物）在我们的周围随处可见，庭院、街道和森林里都可以看到它们的影子。那么，树木和草有什么区别呢？树木会长大而草长不大，这样的区分方法并不一定正确。既有像草珊瑚或朱砂根这样不到 1 米高的树木，也有帝王大丽菊这样可达 5 米高的草本植物。

树木和草的一大区别在于，树木具有“多年生（生长 1 年以上）的粗壮茎干”，而草则没有。虽然草也有多年生的品种，但它们生长出的茎部会在冬季或夏季枯萎，然后再从根部长出新芽。

另一方面，树木的枝干能够越冬而不枯萎，第二年会从树枝前端的嫩芽抽出新的枝条，因此会年年长大。

树干之所以会不断变粗，有赖于树皮下称为“形成层”的组织。形成层会进行旺盛的细胞分裂，在树干内侧积蓄木质，同时也会横向扩张，像圆环一样增大。如此循环，使得树干逐年加粗，从而支撑不断长大的树木自身的重量和抵御风雪的侵袭。

但同样是树木，诸如珍珠绣线菊这类被称为灌木的树种，即使是生长了几十年也找不到粗得能称得上是树干的枝干。这是因为它们的枝条寿命只有几年，几年后就会枯萎，原来的枝干会被新长出的枝条替代。

藤蔓植物采取的是攀附在其他物体上，在短时间内长高的方法，因此最初树干不会变粗，但相应的枝条（藤蔓）会长长。紫藤和凌霄等藤蔓植物的枝干会在多年后长到足以支撑自身重量的粗度。

竹和华箬竹则是兼有树木和草两种性质的植物。

树木的构造

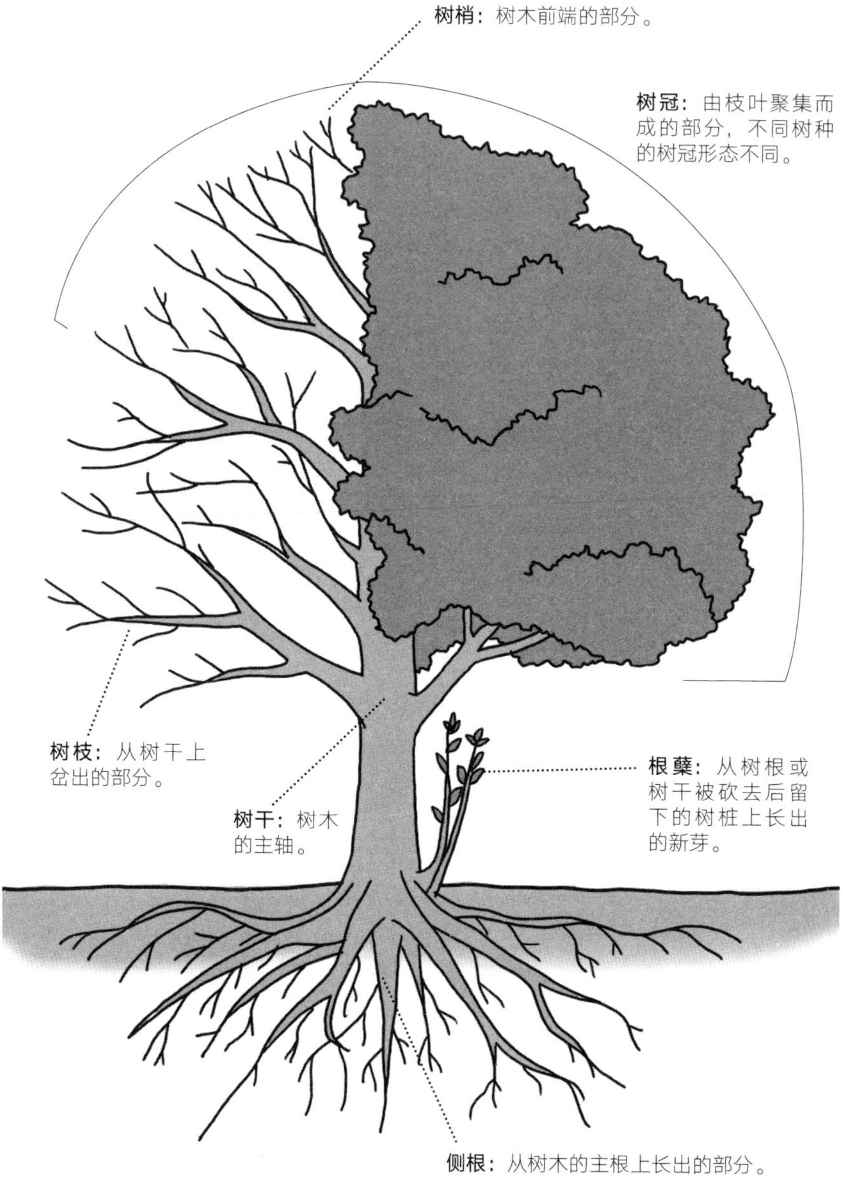

树梢：树木前端的部分。

树冠：由枝叶聚集而成的部分，不同树种的树冠形态不同。

树枝：从树干上岔出的部分。

树干：树木的主轴。

根蘖：从树根或树干被砍去后留下的树桩上长出的新芽。

侧根：从树木的主根上长出的部分。

树高

虽然学术上并没有通过树高对树木进行分类的定义，但通常把能够长到5米以上的树木称为乔木，反之则称为灌木。另外还有一种分类的方法，将高度能够达到15米及以上的树称为大乔木，6~15米高的称为中乔木，3~6米高的称为小乔木，1~3米的称为灌木，不足1米的称为小灌木。

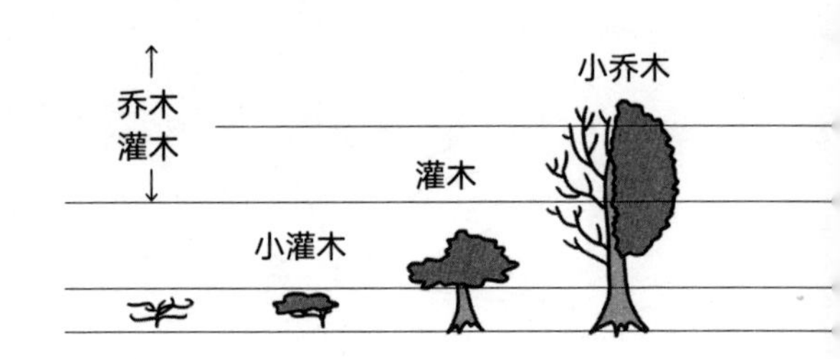

树枝的名称

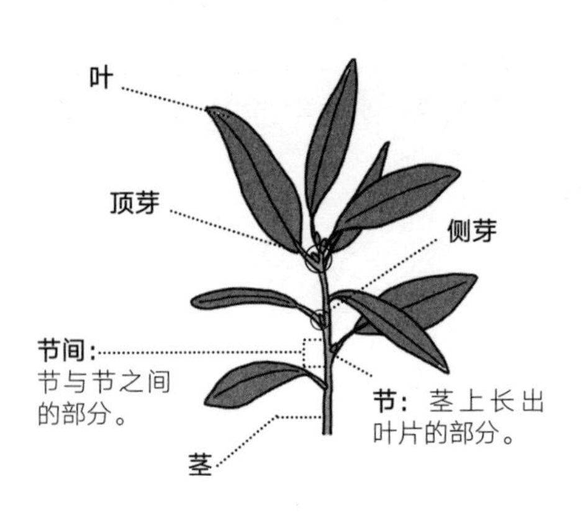

长枝与短枝

分为节间较长的枝（长枝）与节间较短的枝（短枝）。

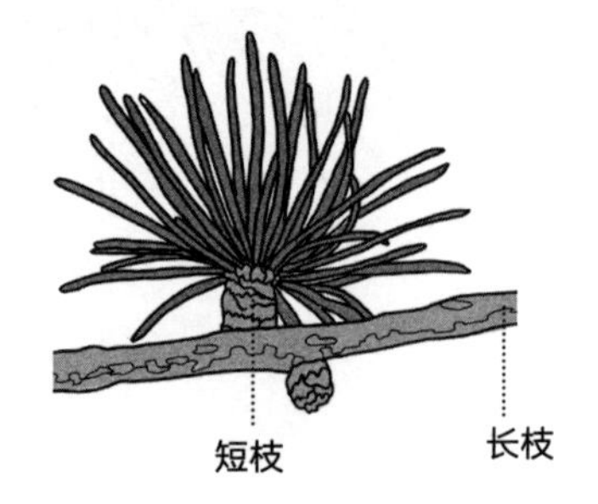

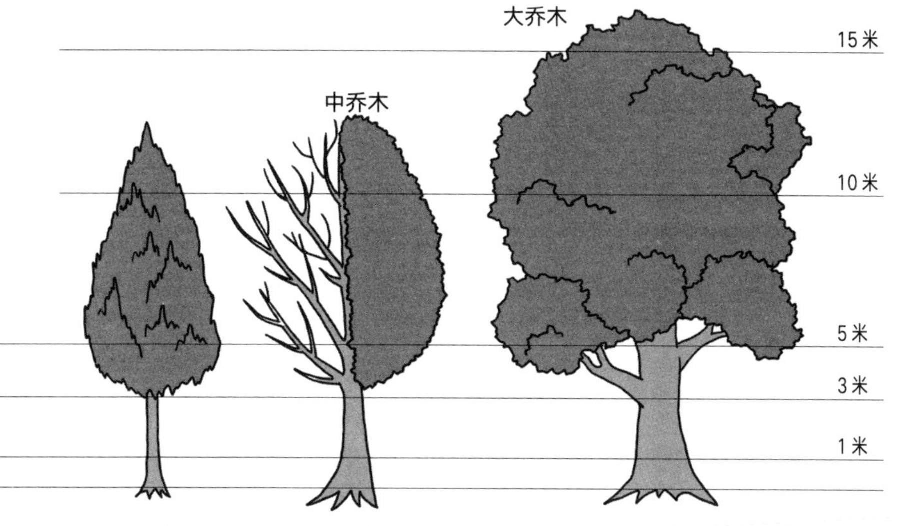

针叶树

拥有针状的细叶片，能够抵御严寒。多为常绿树，但也有一部分是落叶树。

落叶树

会在一年内的某个时期掉光叶片的树木。

常绿树

终年都会长叶的树木。拥有宽阔的叶片，也称为常绿阔叶树。

一年生枝条与两年生枝条

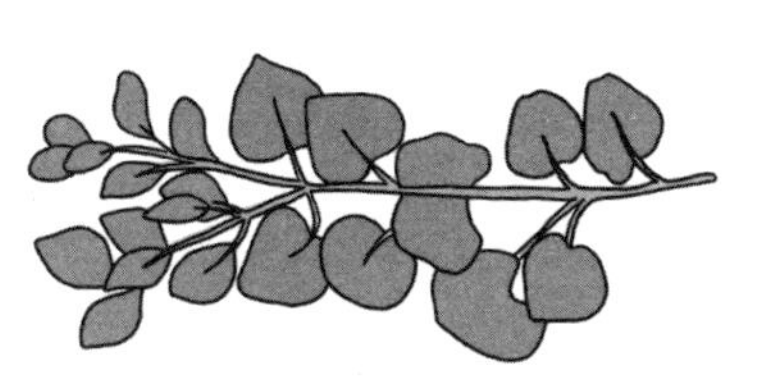

一年生枝条　　两年生枝条

当上一年长出的枝条上又生出新枝时，就以成长的年数来区分。

叶序形式

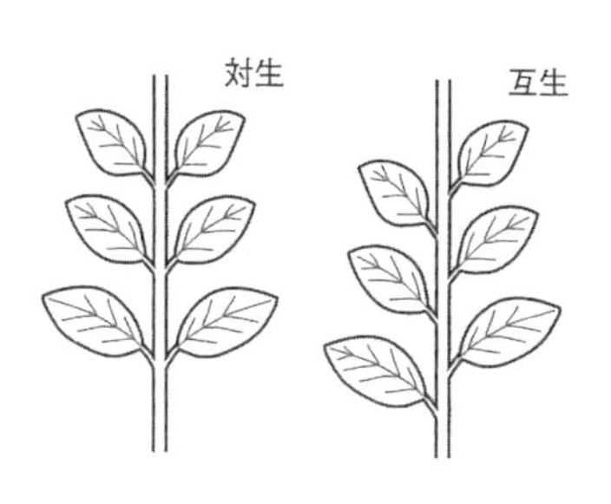

目 录

第一章 修剪的基础和窍门

第二章 疏剪实战诀窍

第三章 确定修剪时间和窍门

第四章 让树木变小的修剪窍门

第五章 更利于欣赏花和果的修剪窍门

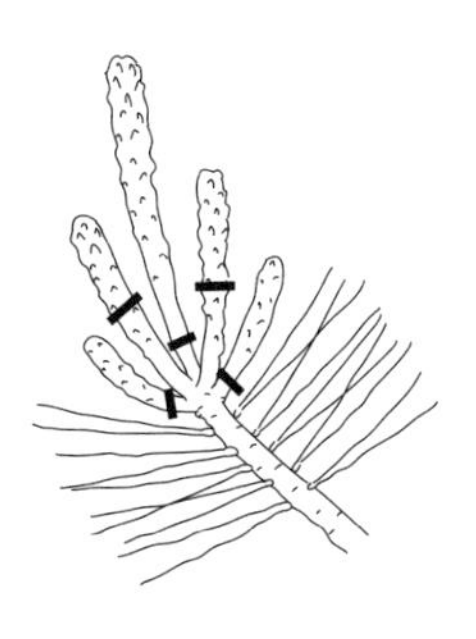

第六章 常绿树、绿篱、人工造型树的修剪诀窍

第七章 修剪困难和易失败的树种的处理方法

第一章
修剪的基础和窍门

顺应树形的修剪是省心的第一步。

为什么要修剪树木？

通过修剪，可以保持优美的树形，减少病虫害的发生。

庭院是将自然景观纳入其中，以供人近距离欣赏的“小自然”，与广阔的森林不同，庭院是在有限的空间中种植多种花草树木。作为庭院的骨架，苗木扮演着重要的角色，**但在控制株高和分枝，以免它长得过大而与其他树木的枝条交错的同时，也必须保证它能够获得适当的光照和通风。**

我们必须打造出让人类和其他植物都感到舒适的环境空间。

树木原本就具有向阳生长的特性，时常受到光照的上方树枝往往容易交错生长，并混杂在一起。反之，下方的树枝则常常因得不到光照而枯萎。

如果树木长得过大且与旁边的树木重叠，此时树枝就会向未重叠的方向生长，导致整体树形被破坏。

但是，**只要修剪得当，就能让树木保持优美的树形。**此外，还能让阳光和风通过树的内膛，起到抑制病虫害的作用。

修剪，是打造多种庭院植物共存的第一步。

用盆栽植物装饰的庭院。在阳台也能种植盆栽植物。

由落叶树、常绿树等打造而成的优美庭院。每年进行修剪可以使这些植物的美丽形态得以维持。

通过修剪对叶片数量进行合理的控制，就可以抑制树木的生长。

苗木长到合适的体型之后，人们就会希望尽量维持这种大小。

那么，究竟是不修剪的树木长得快，还是修剪过的树木长得快呢？

树木通过叶片进行光合作用制造养分。除去维持生命所必需的营养，剩余的部分多是用来供给树干和花的生长，因此叶片数量与树木的生长密切相关。

换句话说，如果放任树枝生长，不加以修剪，就会导致叶片增多，光合作用变得旺盛，树叶制造出的碳水化合物也将增加。因此，供给树木生长的营养就会增多，使树干在短时间内增粗。

反之，**只要好好修剪、控制叶片的数量，就能抑制树木生长的速度。**

特别是近来流行用非观赏性杂木打造庭院，这时园艺师往往会选择四照花、枹栎、连香树、鸡爪槭、野茉莉、小叶青冈、青刚栎等生长较快的树种。

刚种下时苗木娇小、轻盈，但如果不加以管理，就会因营养丰富而疯长。如此一来，小庭院很快就会不堪重负。

如果每年进行修剪，控制叶片数量，就能抑制苗木的生长速度，长时间维持适合的植株大小。

即使高度相同，树干的粗细不同也会带给人不同的印象

树干较粗的树木

在高度相同的情况下，树干粗、叶片多的树更有存在感，看上去显得比树干较细的树更大。

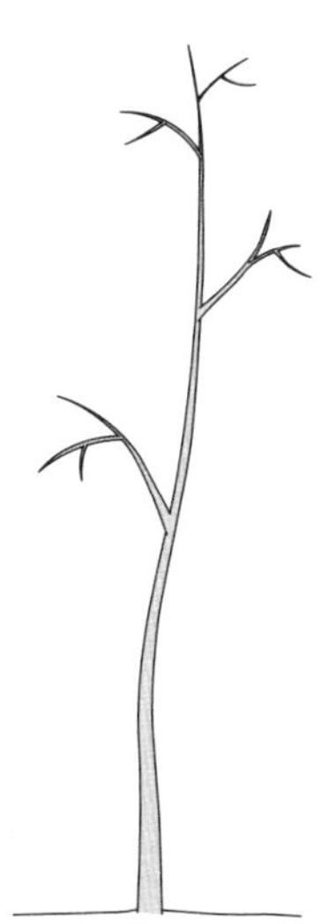

树干较细的树木

树干细、叶片少的树给人以轻盈的印象。

不可以！不同种类的树木，适宜修剪的时期也不同。

如果院子里的树木种类很多，记住每种树的修剪方法就成了一大难题。

但是，**即使不知道树的名字，只要能分辨出落叶树、常绿树、针叶树等树的类型，就能大致判断出适合修剪的时期。**这是因为每种类型的树木都有各自相对安全的修剪时期。

落叶树适合在冬季修剪。在冬季叶片掉光后进入休眠的落叶树的生命机制是，在春、夏、秋季通过光合作用将足够的养分储存在体内，为度过寒冷的冬季自行切断叶片，进入休眠状态。落叶树在冬季已经积蓄了足够的养分，即便不慎修剪过度也不需担心树木会枯死。

常绿树最适宜修剪的时期是初夏。一年四季都会进行光合作用的常绿树没有在体内储存大量养分的机制。它们需要时刻进行光合作用，以补充养分。即使是在气温较高、光照充足的初夏进行修剪，常绿树也能在短时间内补充养分。反之，如果在气温下降、光照减弱的晚秋或冬季进行修剪，就会有损伤树木的危险。

针叶树最适合在春季修剪。大多数针叶树都具有常绿性，因此修剪时期和常绿树差不多。但由于大多数针叶树都怕热，切口容易变成茶色，因此能够迅速萌发新芽遮住切口的春季是其修剪的最佳时期。

此外，在春季新芽生长旺盛的 4 月下旬至 5 月应避开对落叶树、常绿树的修剪工作。因为此时树液的活动旺盛，不仅会从切口流出造成浪费，还会刺激新芽成长，从而导致积蓄的养分耗尽。如果大量剪去叶片，可能会由于无法补充养分而产生枯枝等情况。

不同类型的树木养分积蓄量的变化

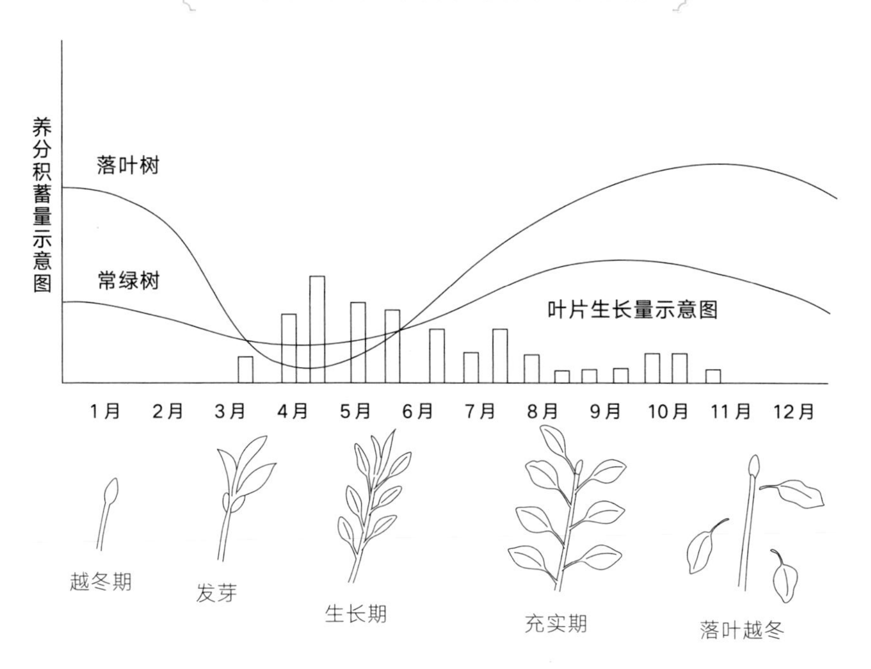

适宜修剪时间

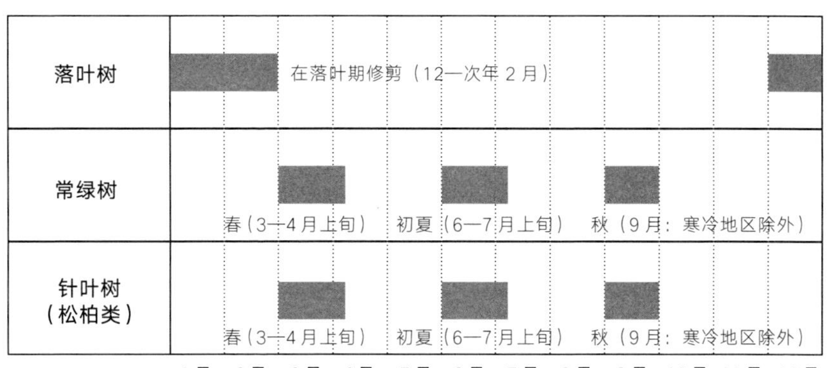

※ 春季新芽生长期（4月下旬—5月）及盛夏时要尽量避免对落叶树和常绿树的修剪。

重要的是“在合适的时期修剪、从根部修剪和不要修剪过度”。

在修剪过程中，首先要避免树木枯死，除此之外还要避免诸如杂菌从切口入侵导致树木部分腐烂，或疯长枝长得过长而破坏树形，导致树木不再开花等失败的情况发生。

为了避免发生这样的情况，在修剪的时间、方法、数量上都要按照一定规则行事。

第一个规则是**在适宜期修剪**。被剪去枝条对于树木而言是一种压力，适宜期就是减轻这种压力的适当时期。

在适宜期中，可以将因修剪伤及树木的风险降至最低，即便是新手也可以放心修剪。

我们常可以看到园艺师们在10—12月忙碌地对庭院进行修整，这是因为人们希望在春节前整理出优美的庭院，但对某些类型的树木而言，这未必是合适的时期。

第二个规则是**从根部剪断**。修剪之后，树木用于输送水和养分的导管和筛管就会暴露在外，容易被杂菌入侵，因此必须尽快堵住切口。切口的闭合方式（愈合方式）因修剪方式的不同而大相径庭，其中从根部切断是最容易让切口闭合的做法。切口需要数月到一年多的时间才能自行愈合，在切口上涂抹伤口涂补剂可以在一定期间内保护切口。

第三个规则是**不要修剪过度**。如果原本树势就弱的树种，或是因病虫害侵袭、生长环境恶劣而衰弱的树木遭到过度修剪，可能会因恢复力不足而导致枝条枯萎，甚至整株枯死，因此在修剪时必须小心。

主要有“疏剪”“短截”“整形修剪”三种修剪方式。

疏剪是调节枝条疏密的修剪方法。将枝条自根部剪去，从而减少枝条的数量，这种方法也叫疏删。它可以改善树木内膛的通风和光照条件，并且由于保留了枝顶，所以不会损伤树木原有的纤细形态，能够营造自然的氛围。

短截是将枝条的一部分剪去的修剪方法。一般从外芽的稍外侧开始修剪，这样能使树木整体变小，但会因失去枝顶使树木呈现不自然的蜷缩状，而且容易从切口处长出多根枝条，打乱树形。

在实际修剪时，以疏剪为基本方式，只对必要的部分进行短截，这样就能取得均衡的效果。

整形修剪是在为绿篱等植物造型时，将整个表面修剪整齐的方法。它可以算是短截的一种，但和花草的摘心相似，枝条会从修剪处分岔，因此能够使绿篱的表面布满叶片。

短截

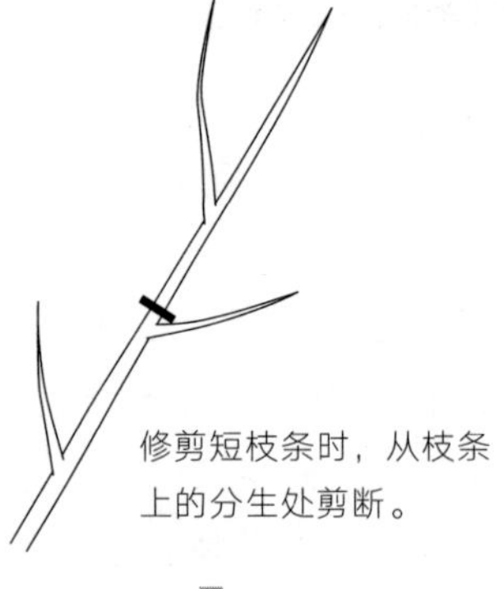

修剪短枝条时，从枝条上的分生处剪断。

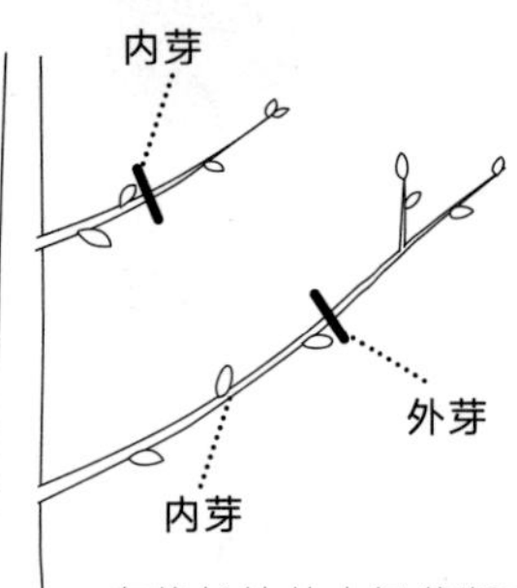

在将长枝从中间截断时，重点是要选好芽再进行修剪。

比起单纯地把枝条剪短，这样处理之后的枝条生长会更平稳。

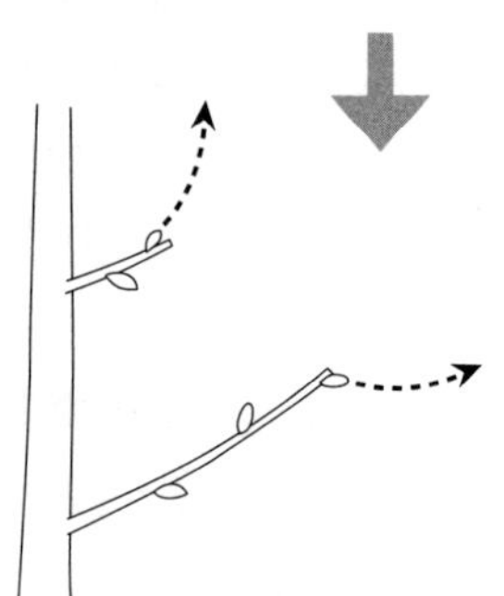

应从外芽的前端将枝条剪去。如果从内芽的外侧剪去，则容易长出朝上生长的壮枝。

整形修剪

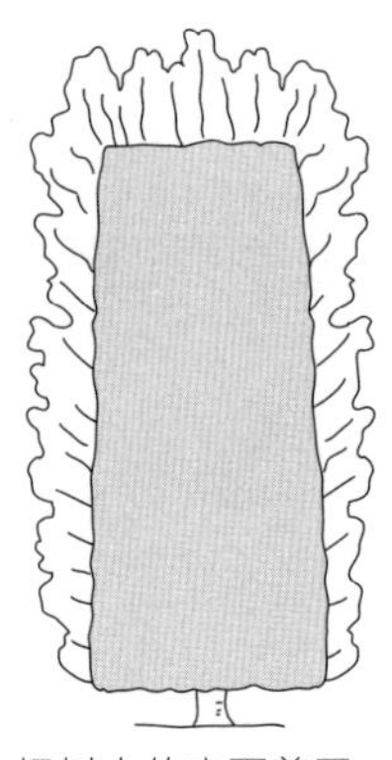

把树木的表面剪平。

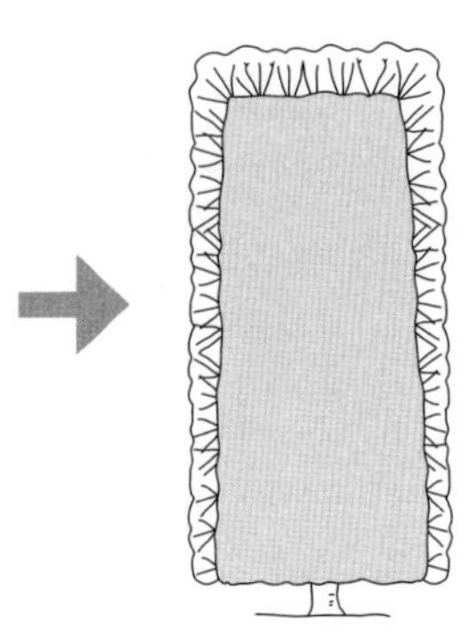

从切口处长出致密的枝条，使绿篱等植物显得整齐、美观。如果放任其生长，就会打乱树形，因此定期进行整形修剪非常重要。

修剪的基础

细枝条和粗枝条的剪法

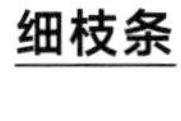

细枝条

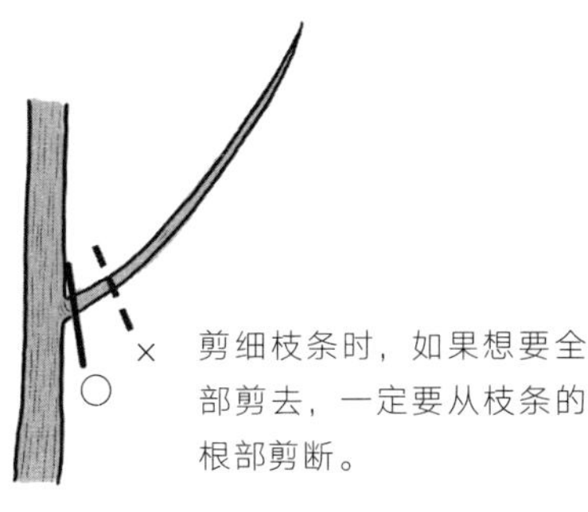

剪细枝条时，如果想要全部剪去，一定要从枝条的根部剪断。

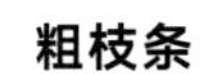

粗枝条

①
②

直接从根部修剪可能会导致枝条开裂，因此先从距根部约 50 厘米的位置（①）剪断，再在根部（②）的位置小心剪去。

长枝条的剪法

留下的部分不宜太长。不过，绣球花和葡萄等植物要从节的中间剪断。

△

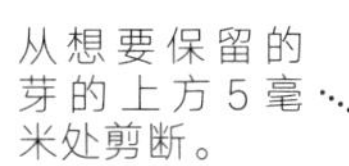

从想要保留的芽的上方 5 毫米处剪断。

○
×

修剪的位置不宜太靠近芽。

外芽

内芽

切口位置

从外芽处剪断，枝条就会呈杯状长出，形成接近自然的树形。

整形修剪的剪法

在适宜期通过绿篱剪等工具进行修剪。

对树木造成很大压力的修剪称为强修剪。

修剪的强、弱是用来表现对树木造成的压力的大小。

一般我们所说的强修剪，指的是剪断粗枝条和剪去大量叶片。

将粗枝剪短时，如果进行短截这种使切口成为前端的修剪，会给树木造成很大的压力，属于强修剪。

而在分生处剪断一侧枝条而保留另一侧枝条的疏剪，即便剪去与短截同等粗细的枝条，与短截相比，带给树木的压力也要小得多，因而属于弱修剪。

如果进行强修剪，切口就会更大，也更难以愈合。不仅如此，树势弱的树种还会因恢复力不足而导致枯枝，或者因树干暴露在强光下导致晒伤等，各种风险都会增大。并且，修剪后还可能出现疯长枝过长，严重打乱树形的情况。所以要尽量避免强修剪。

弱修剪和强修剪

原树形

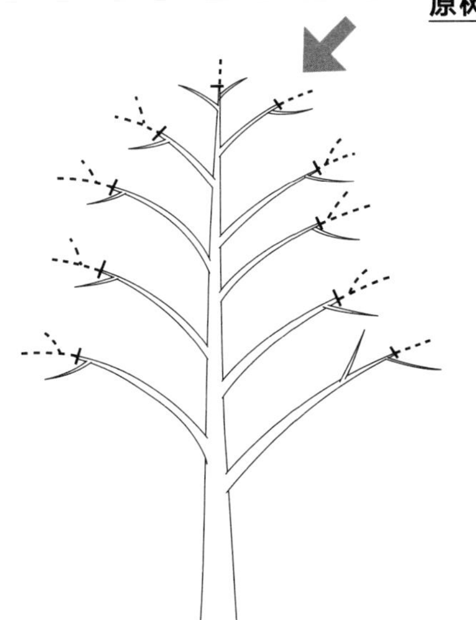

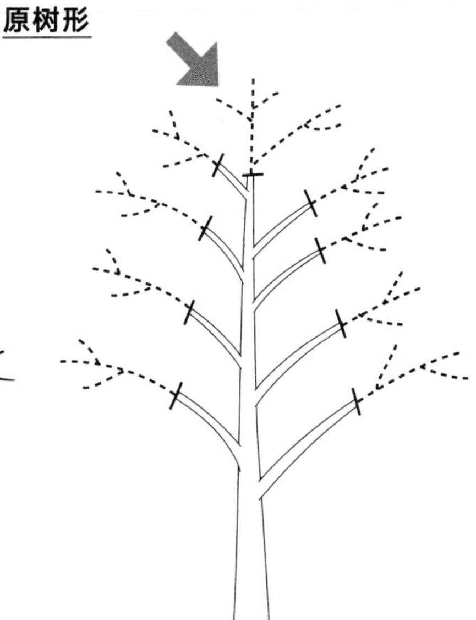

弱修剪之后的树形

对树木造成的压力较小。修剪之后枝条的生长也较为平稳，不易出现疯长枝。

强修剪之后的树形

虽然刚修剪完时树形变小了，但会因疯长枝的生长而打乱树形，或切口过大而引发枯枝等各种风险的发生，因此需要小心。

有“自然风格”和“人工造型”两种类型。

苗木的形态大致可以分为“自然风格”和“人工造型”两种。苗木的形态不同，修剪时的思路也会有所区别。

自然风格树木的姿态应顺应原树形，其特点是能够展现出舒展的枝条和树干。在当下流行的杂木林风格庭院规划中，也会使用自然风格造型的苗木。

不同种类的树木都有各自的树形，这就叫“自然风格”。在开阔空间中独立种植时，树木就会长成该树种所特有的形态。

然而在庭院这种多种植物共存的有限空间中，如果不加以修剪，树木就会因彼此遮挡而枯萎，树形也会遭到破坏。**在自然风格的庭院中，修剪的基本原则是仿照树种原有的自然风格，剪去过密的枝条，即以疏剪为主。**

所谓人工造型，则是指在日本传统庭院中常见的分散半球形或球形等形状。这是由人类刻意加工而形成的形态。

绿篱也是经过整形修剪而变成围墙状的人工造型。除此之外，诱导藤蔓植物形成立柱式、棚架式和附壁式的造型也属于人工造型。

在西方也存在人工造型，例如欧洲会把常绿树修剪成各种动物形状或是几何形状，将其制造成植物雕塑（装饰性修剪）。

另外，人工造型苗木的基本处理原则是，每年进行苗木养护，使其维持同样的形状。

拥有经过修剪的树木的庭院

自然风格的庭院和人工造型的庭院

种植着红叶的自然风格庭院。

种植着自然树形的四照花的前院。

栽种着分散半球形树木的门口。

种植着被人工修剪成圆柱状的丹桂的庭院。

可以通过顶芽的数量和分枝方式等不同的生长模式来塑造。

每个树种都有它们“想要长成的形状”。因长芽和抽枝方式的不同，使得树木在生长过程中形成自己特有的树形。

长芽的方式与顶芽及侧芽的数量和势头有关。例如，顶芽强势的树木会长成直立的圆锥形或卵形。像枫树这种有两个顶芽，或是像山毛榉那样没有强势顶芽，而是在枝条顶端附近长出侧芽的树种，它们的树枝将生长成Y形，最终形成杯状或不定型的树形。**如果将这些树种修剪成与自然树形差异极大的形态，它们就会呈现出强烈的恢复自然树形的意愿，长出疯长枝，从而破坏树形。**

园艺师圈子里有句格言，叫“枫树就要像枫树”。这句格言的意思，就是指修剪时要顺应每个树种原本的姿态。

栽种着侧柏、洛基山圆柏“蓝箭”、大花四照花、紫玉兰等各种树形的树木的庭院。

不同长芽方式下的枝条生长方式

具有一个强势顶芽

将长成圆锥形或卵形。

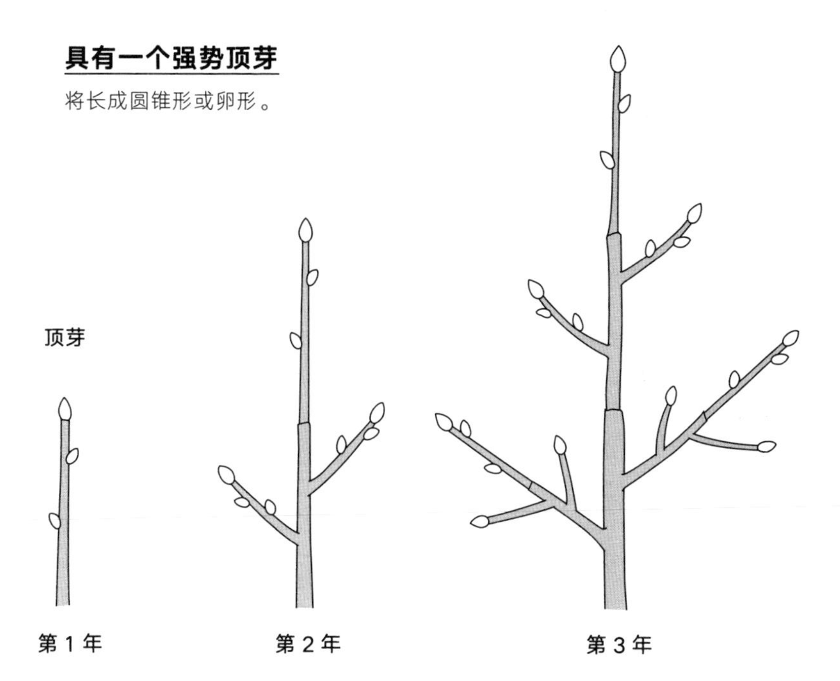

具有两个顶芽

将长成杯形或垂枝形。

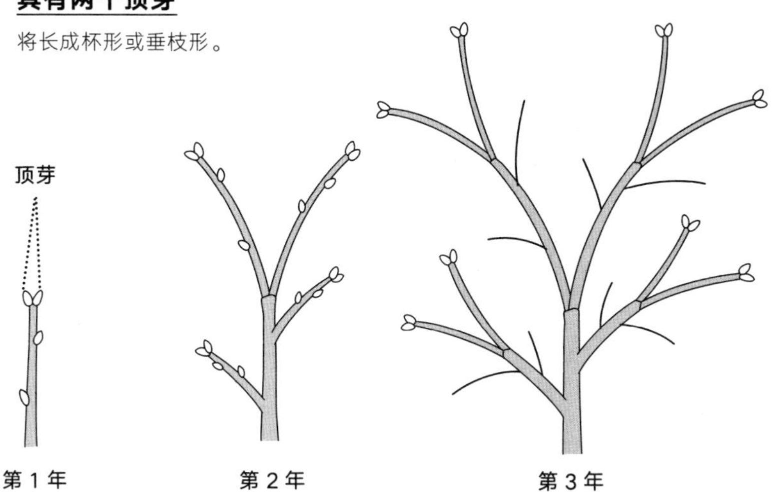

各种自然树形

除了榉树的杯形、日本冷杉的圆锥形等易于想象的树形之外，自然树形还有各种各样的种类。以下介绍的是常见的自然树形。

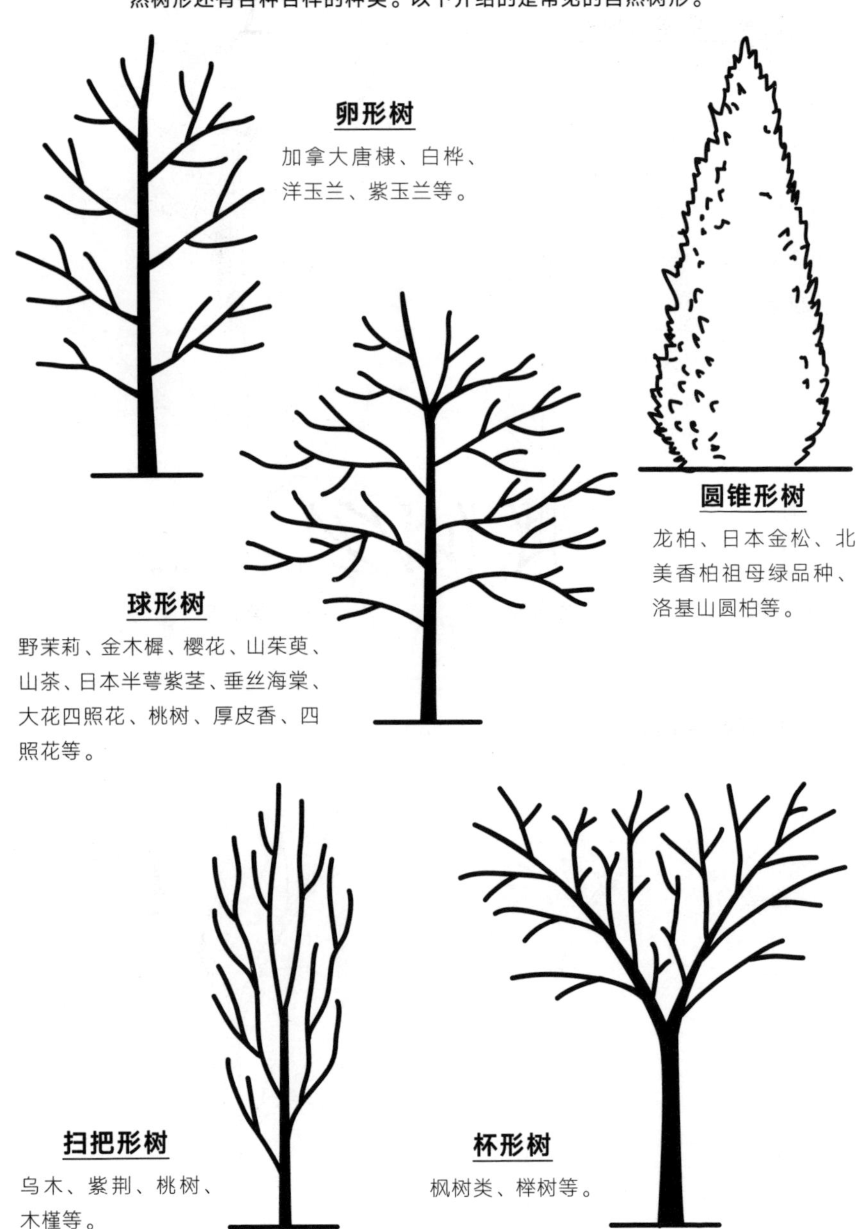

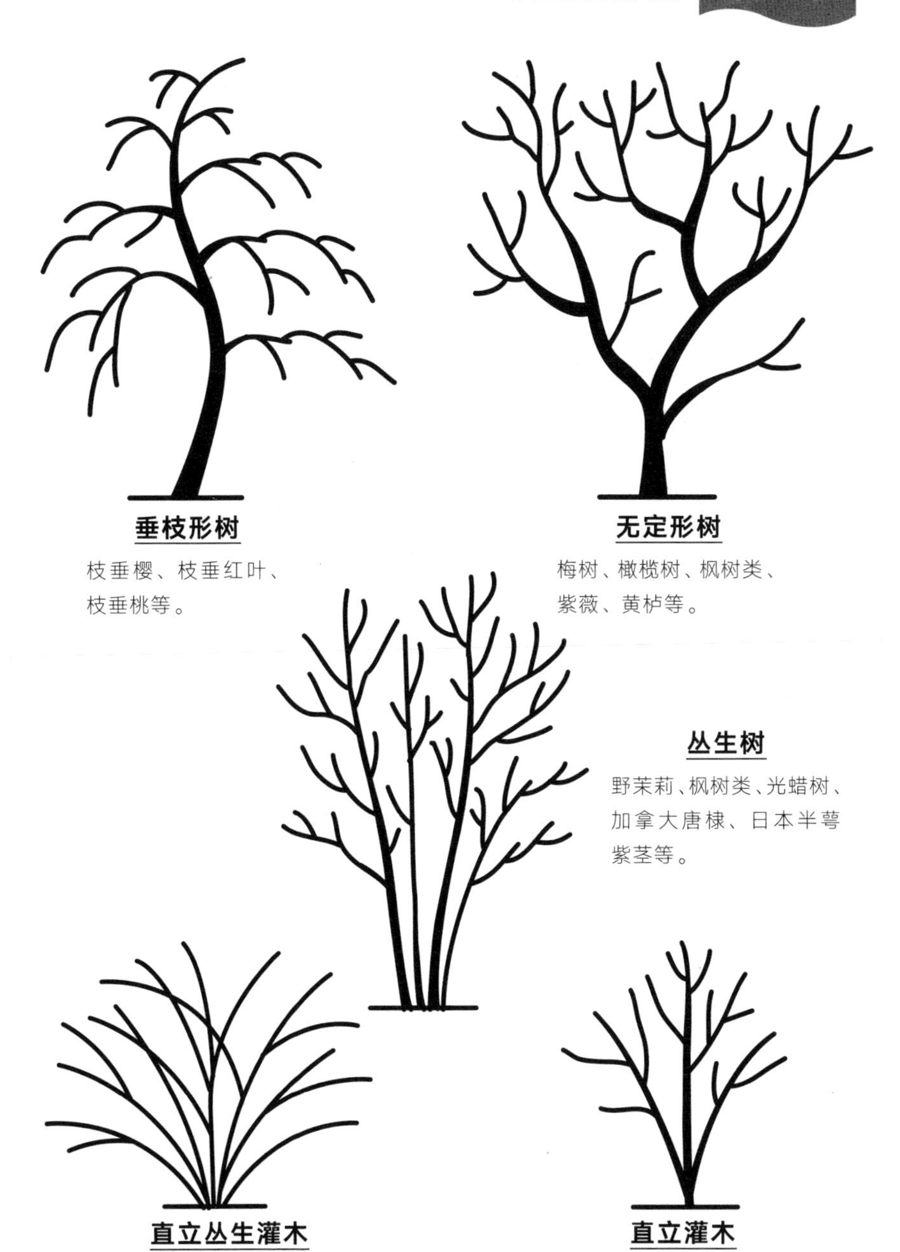

垂枝形树

枝垂樱、枝垂红叶、枝垂桃等。

无定形树

梅树、橄榄树、枫树类、紫薇、黄栌等。

丛生树

野茉莉、枫树类、光蜡树、加拿大唐棣、日本半萼紫茎等。

直立丛生灌木

紫阳花、齿叶溲疏、金丝梅、栀子花、麻叶绣线菊、日本紫珠、常绿杜鹃、草珊瑚、南天竹、山梅花、胡枝子、蔷薇、台湾十大功劳、蓝莓、木瓜、牡丹、珍珠绣线菊、连翘等。

直立灌木

马醉木、落霜红、雪球荚蒾、石楠花、瑞香、满天星、结香、落叶杜鹃、蜡梅等。

基本原则是采用能形成自然氛围的“疏剪”。

要让苗木呈现自然风格，基本的修剪方法就是“疏剪”。**这是一种顺应自然树形的修剪方法，能够突出该树种特有的姿态，制造出自然、轻盈的气氛。另外，修剪时会保留枝顶的芽，因此具有抑制生长枝、不会打乱树形、枝条能稳定生长的优点。**

此外，落叶树在冬季掉光叶片后的样子也具有观赏价值，在疏枝后，树木在冬季会更美。

如果不这样做，而是每年都在同一位置把落叶树的枝条截断，或是照着树木的轮廓对整体进行整形修剪会如何呢？这两种方法都会剪去枝条的顶端，因此截断处的枝条将会变粗，使树形变得笨重，或是导致树枝过度重叠，使得树木的整体形态呈现不自然的僵硬感，从而令落叶树失去其轻盈、纤细的特色。

庭院的苗木是与我们长期相伴的伙伴，使用能让它们保持形态的修剪方法是很重要的。

OK

经过疏剪的四照花。呈现出四照花原有的舒展树形。枝与枝之间通风、透光，开花的数量十分可观。

疏剪与短截后的树枝将如何生长

如果以疏剪为主…

先进行疏剪（疏枝修剪）。

疏枝之后，只对必要的部分进行短截。

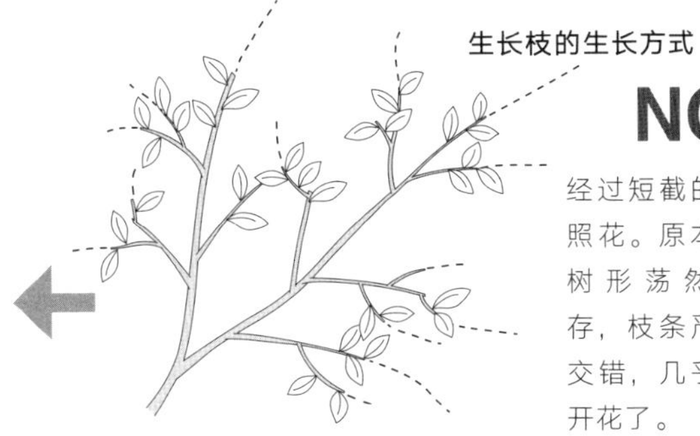

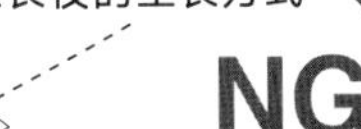

最后一步，在树枝的分生处进行短截，从外芽的前端将抽得过长的枝条剪断。枝与枝间的间隔会扩大，能够确保通风和光照。

如果只进行短截…

树枝仍旧交错，每年都会因生长新枝而使交错变得更加严重。

× NG

经过短截的四照花。原本的树形荡然无存，枝条严重交错，几乎不开花了。

通过整形修剪等方法维持人为加工出的形态。

传统的人工造型树木有松树、罗汉松、厚皮香、日本花柏等。

日本的人工造型树木模仿的是自然界中树木的姿态。例如松树就往往是再现它们在断崖、绝壁或裸露的山体上伸展枝叶的样子，或是营造出历经风霜雨雪的古木的感觉。

此类人工树形的苗木，原则上是通过整形修剪来塑造成形时的模样。

但是，松树、罗汉松等树木不易发芽，如果树枝过于密集就会因光线不足而导致枯枝，因此不能采用整形修剪，而应用剪刀进行逐枝修剪。

另外，绿篱和植物雕塑采用的是易于发芽的树种，可以通过整形修剪来维持其形态。

阶梯造型的日本扁柏。

用花柏构成的绿篱。

各种人工造型的树木

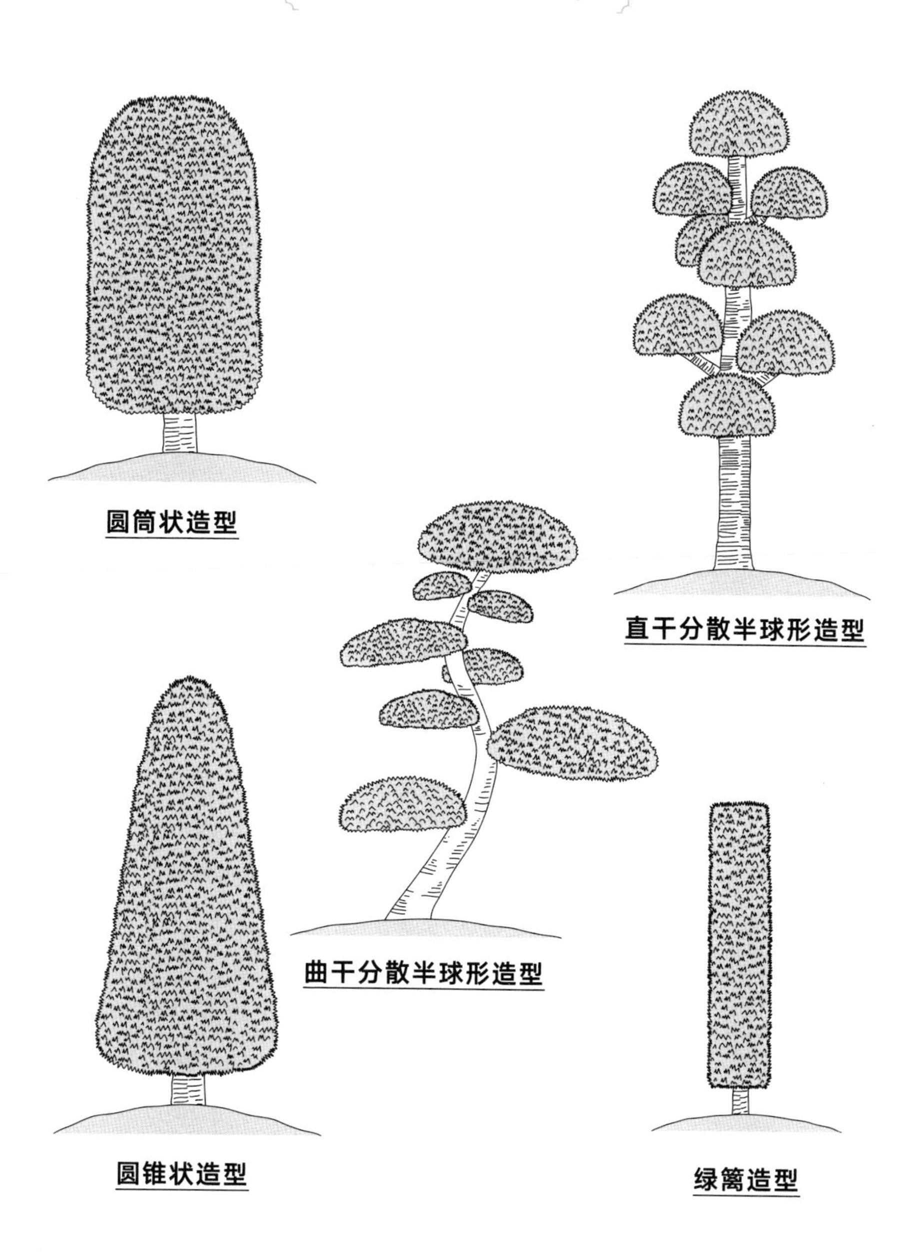

会使内膛枝枯萎而无法再进行短截，导致无法维持原有的大小。

如果单纯地想要让树形变小而使用短截方式把树枝整体剪短，即便树枝缩短了，它们彼此重叠的情况也不会得到改善。非但如此，还会从变为顶端的切口中长出大量生长枝，使得树枝进一步重叠。如此一来，树木的内膛就会变得难以透光，导致新芽枯萎。下一次修剪时就需要采用弱修剪的方式，以避免树枝整体干枯的情况发生，于是树冠便会年年向外侧膨胀。不仅如此，树木的姿态也会显得十分僵硬。

花木会在受光照的枝顶长出许多花芽，如果对树枝进行短截，就会连同花芽一起剪断，有可能会出现第二年完全不开花的情况。

换言之，**如果反复进行短截，不光会破坏树形和花芽，也会使将树木维持在同样大小的目标变得一年比一年困难。**

另一方面，**只要在疏剪时采用"换枝修剪"的方法，就能在维持树形的同时控制树的大小。**

在经过疏剪后保留下的内膛枝，是构成未来树冠的候选枝条。每隔几年就用内膛枝更换已经伸展开的外围枝，就能在维持自然树形的同时使树顶回缩。

不仅如此，和短截相比，在经过这样的修剪后，枝条的生长也会更平稳。

也就是说，疏剪这一方式更为灵活，在维持树形的同时，也更容易将树木的大小长久地控制在一定的范围内。

通过更换枝条使枝顶回缩

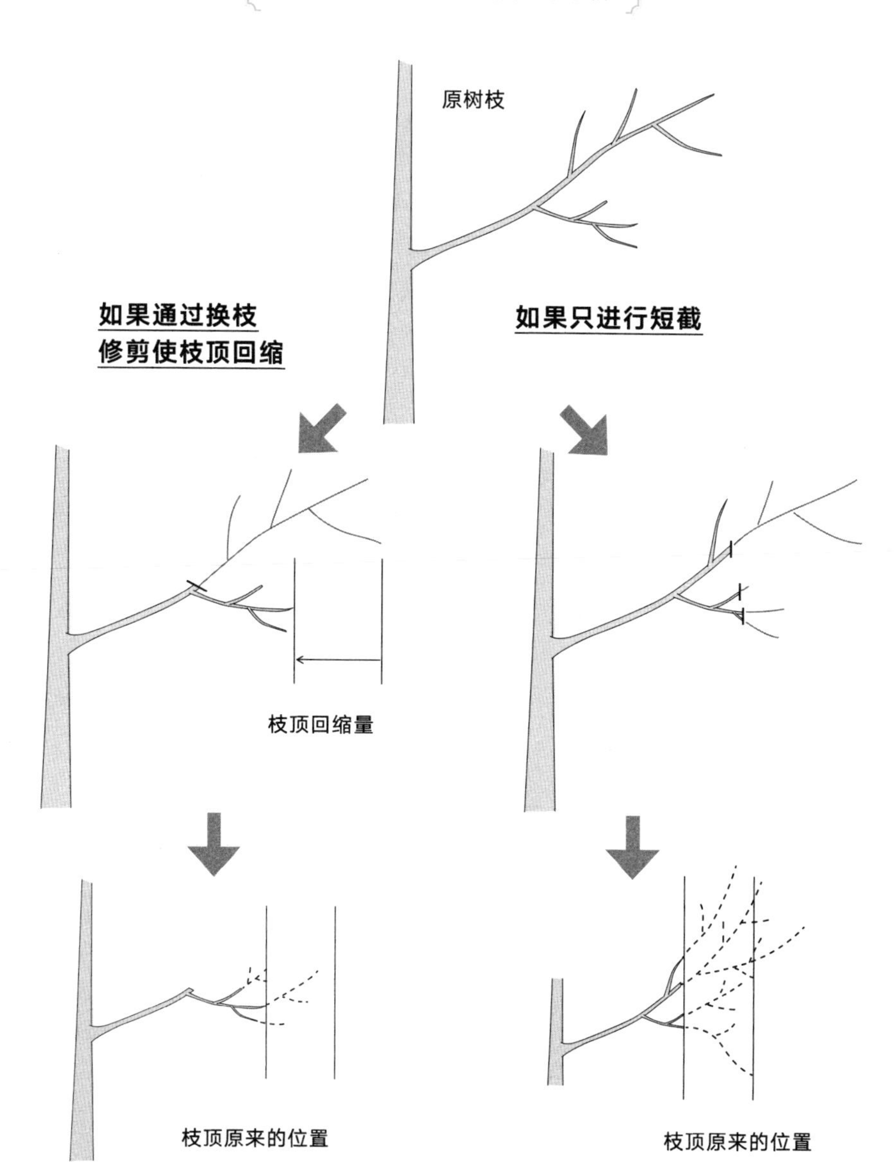

经过修剪后，枝条的生长也更平稳。能够获得良好的通风和光照，也能保留用于下一次更新的枝条。

< 能够长时间维持树木的大小 >

修剪后可能会长出许多生长枝，使树变得比以前更大。树枝彼此重叠，内膛的新芽将会枯萎，导致不得不进行弱修剪。

< 树冠将年年增大 >

对于花木，应使用优先保证开花的“花后修剪”。

对于观赏树形的树种，需要采用维持其姿态的修剪方法。**但对于观花型的花木，让它们开出花才更加重要，因此要在花落之后立刻进行“花后修剪”。**

花木会周而复始地重复“开花→枝条生长→花苞分化→花芽生长→开花”的过程。树木的芽分为叶芽与花芽两种，叶芽会长成枝叶，花芽则会形成花朵。在发芽的那一刻，芽的种类就已经确定，不会中途改变。

在一年中，全部满足树龄、温度、光照、树枝的充实度等因素的时间极为有限，这段时期被称为“花芽分化期”，花芽就是在此时形成的。许多落叶性的花木会在落叶期长出花芽，修剪时有将它们剪去的风险。但是，在花落后立即进行的“花后修剪”处在花芽分化期之前，因此能够避免对花芽产生影响。

各种花木

花后修剪是在花落之后立刻进行的。

球形的大花四照花。

直立灌木——结香。

首先从剪刀、锯子和梯子等工具入门。

修剪工作的三件神器是修枝剪、盆栽剪和修枝锯。

修枝剪能够轻松剪断直径粗至 1.5 厘米的树枝，是最为常用的园艺剪刀。盆栽剪的刀尖十分尖锐，可用于剪断细小的树枝和去除过密的枝条。修枝锯用于切断直径更粗的树枝。把剪刀和锯子装进工具盒，然后挂在腰间，就能方便地在工作中更换工具，从而提高工作效率。**在进行修剪工作时，为了确保安全，一定要戴上手套。**

至于梯子，推荐使用三脚支撑的园艺梯。庭院的地面会有起伏和倾斜，但园艺梯能够通过三点支撑保持稳定。但是，梯子的最上一级并不稳定，因此不要踩上去。请准备足够高的梯子。

伤口涂补剂是涂在切口上对其起到保护作用的药剂。

首先从这些必要的工具开始……

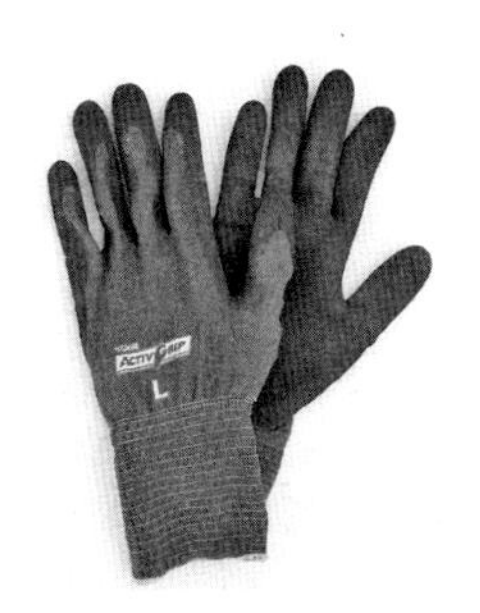

手套

防止受伤或蚊虫叮咬。

修枝剪

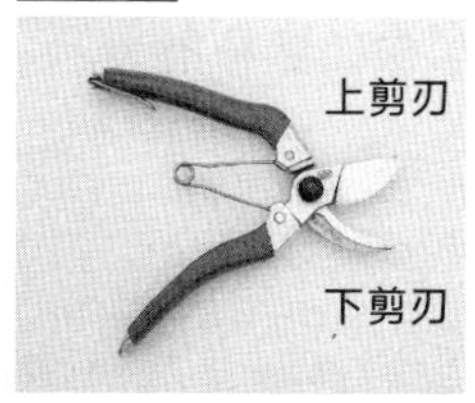

单刃剪刀。请选择称手的尺寸。

轻轻握住并按压，从而剪断枝条。

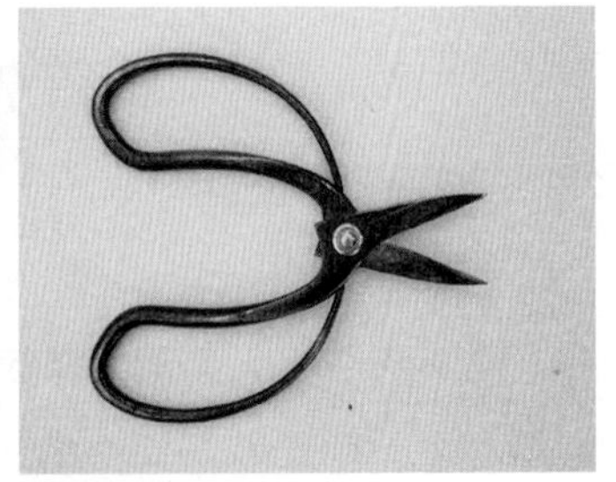

盆栽剪

适合细致作业的剪刀。

把手具有一定的角度，
不需用力也可锯断树枝。

修枝锯

即使在切割新鲜枝条时，木屑也不易卡在锯刃上。同时还有易于插入树枝根部的形状。

伤口涂补剂

涂抹在修剪后的切口上。

梯子

三脚支撑的梯子能够插入空隙，
可放置在树木附近。

高枝锯

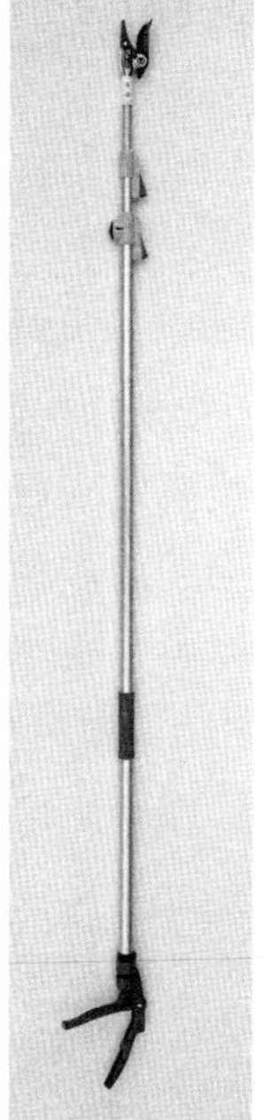

高枝剪

便利的工具

除了上述工具之外，高枝剪和高枝锯可以使修剪变得更为便利。不过它们的柄都较长，因此站在梯子上使用会更轻松。修剪过程中截下的枝条则可以通过园艺用的自立式收草袋收集。

对树篱进行整形修剪时一般使用绿篱剪。在树篱面积较大时，电动绿篱剪是很好的帮手。为了防止枝叶的碎屑在修剪过程中进入眼内，最好戴眼镜或护目镜。

自立式集草袋

簸箕

修剪绿篱的必要工具

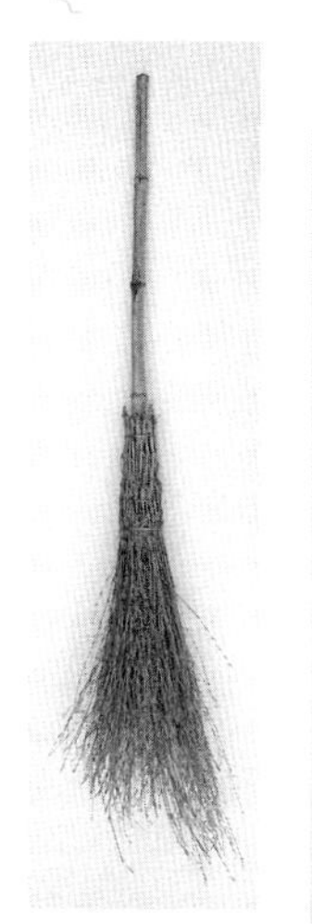

竹扫把

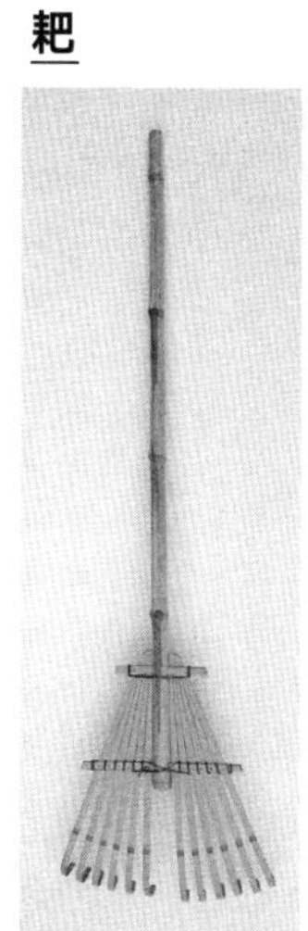

耙

剪刀套

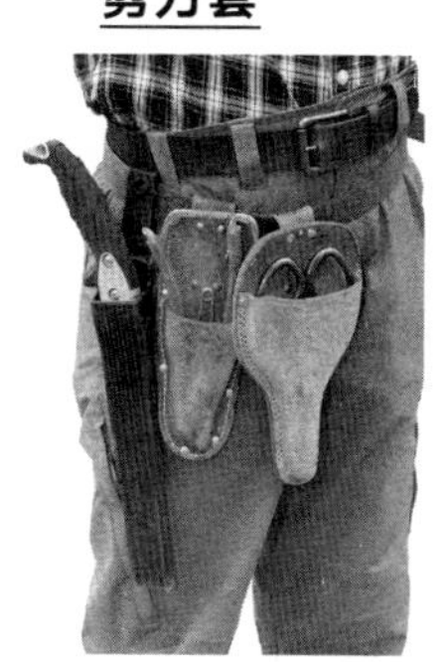

电动绿篱剪

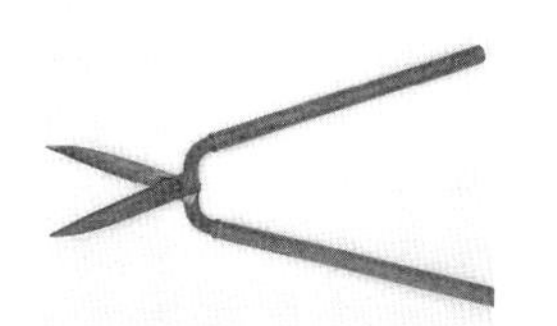

绿篱剪

重点是去污和防锈。

要想舒适地工作，平时就要对工具进行保养。尤其是普通人与职业园艺师不同，并不会每天修剪苗木，因此，使用工具的时间也较少，注意防锈就显得非常重要。

沾在刀刃上的树脂在刚修剪完时较容易去除，时间长了就会变得难以清除。修枝剪和盆栽剪可以冲水并用刷子刷洗。修枝锯易生锈，所以不要用水洗，应用废旧的牙刷或布把残留在锯齿上的树脂、木屑细心除去。

在去除树脂等污物之后，应擦干水，喷上专用喷雾剂或硅油喷雾剂以防锈。

如果不除去树脂，工具的锋利度就会受到影响，导致在修剪时必须更加用力，且容易造成危险。从苗木的角度来说，切口不平滑也会减慢愈合的速度。

保养工具时需要准备的用品

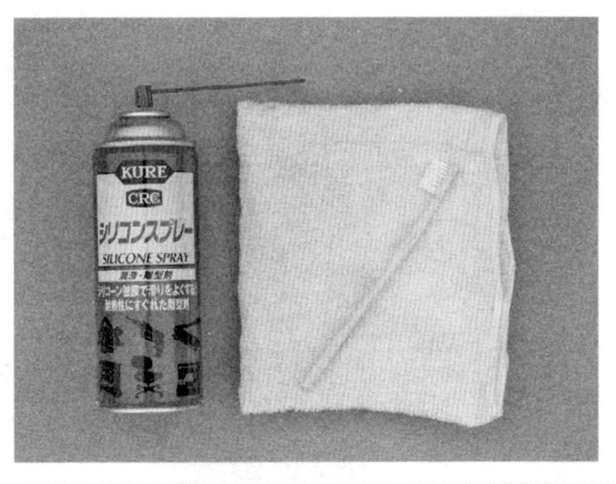

只要有废旧牙刷、干抹布、硅油喷雾剂就能进行基本的保养。
如果刀刃钝了，就把它磨快。

绿篱剪的保养步骤

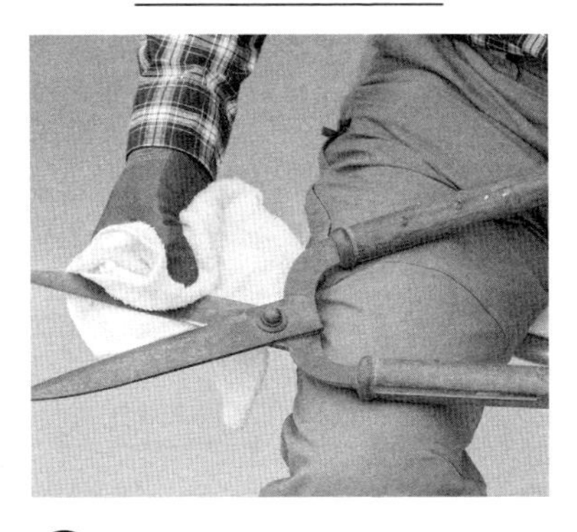

1 擦去树脂等污物。

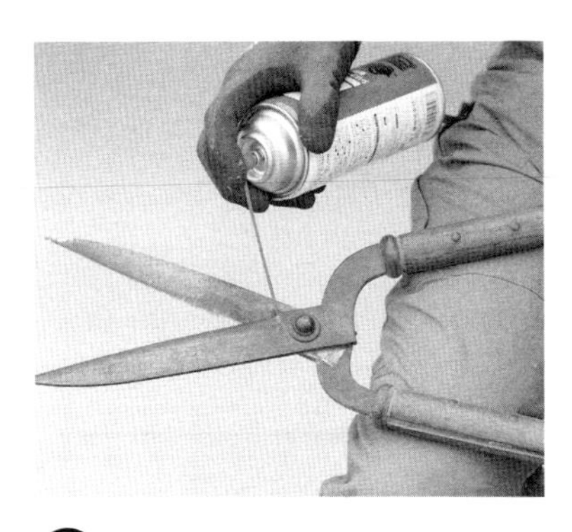

2 喷上硅油喷雾剂，形成保护层。

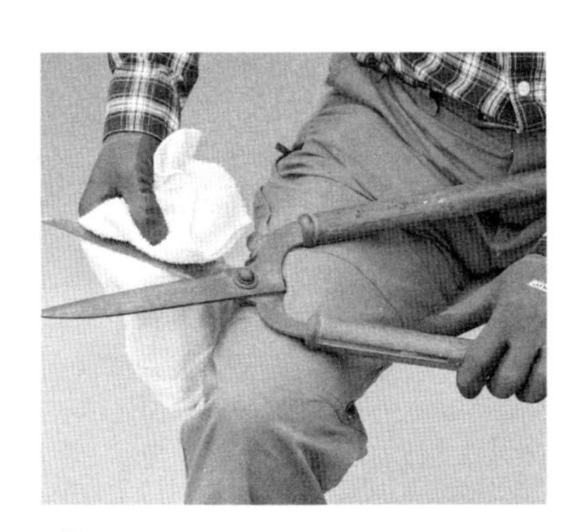

3 涂满整个剪刃后，擦去多余的液体。

修枝剪的保养步骤

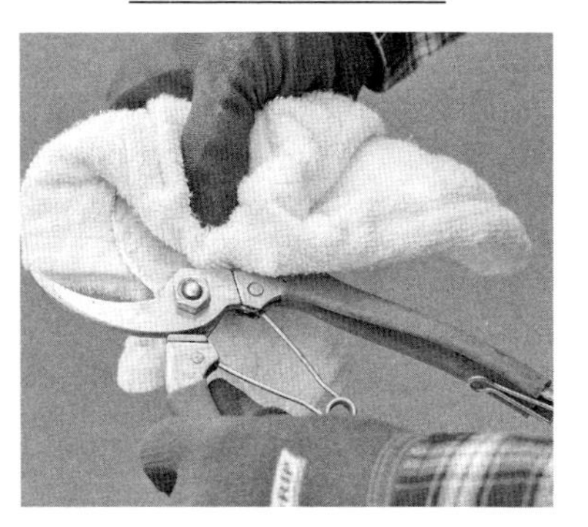

1 擦去树脂等污物。

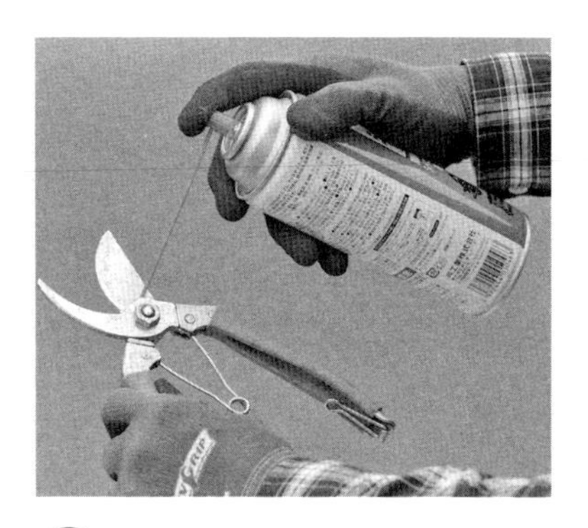

2 喷上硅油喷雾剂，形成保护层。

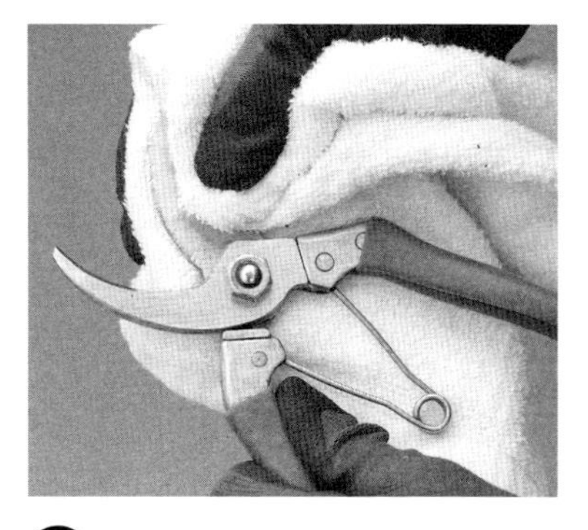

3 涂满整个剪刃后，擦去多余的液体。

修枝锯的保养步骤

1 用牙刷去掉锯齿上的木屑。

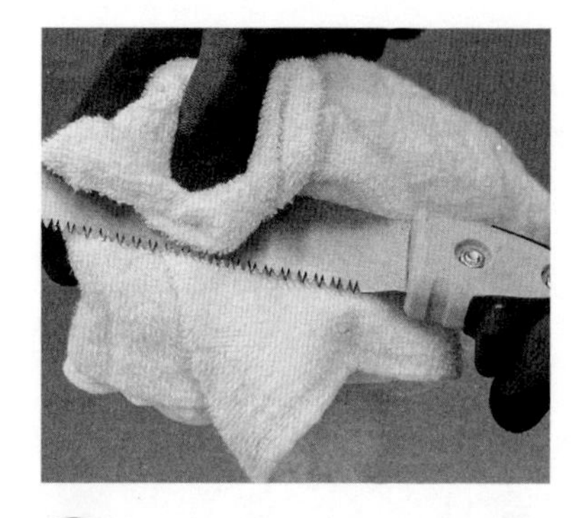

2 擦去树脂等污物，在锯片和折叠部分喷上硅油喷雾剂即可。

工具的保管方法

养成使用完工具就进行保养的习惯，把工具放在工具箱里或固定位置。应选择干燥及儿童触碰不到的地方。

专栏

绿篱剪的两面都可以使用

绿篱剪不只可以正着剪，还可以反着剪。使用角度更方便的那一面来进行修剪。

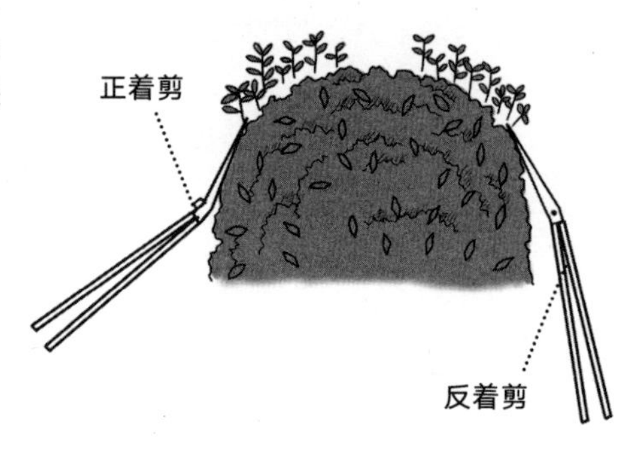

第二章
疏剪实战诀窍

剪去忌枝，除去过密枝条，不断换枝。

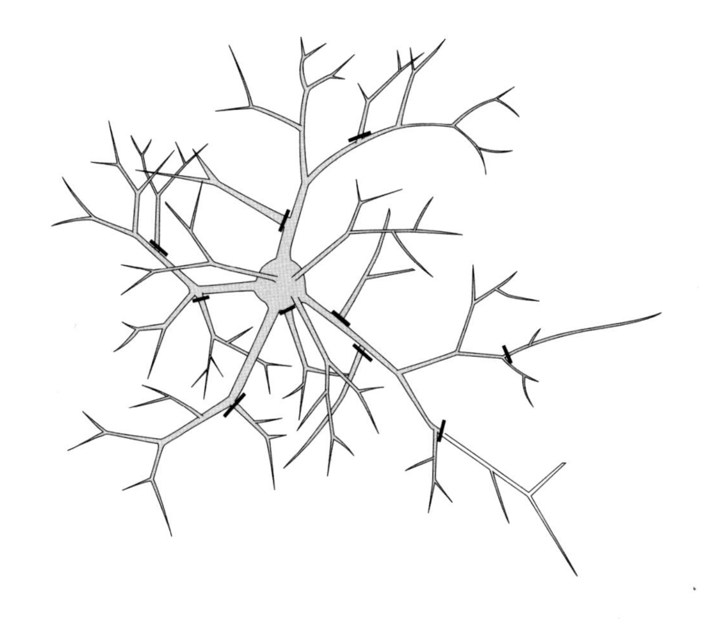

能保留枝顶，维持自然的形态，修剪后的长势也会较为平稳。

我们会下意识地欣赏树木的形态。看着太阳照在叶片上、树枝在风中摇曳，我们的心情会变得舒畅。不妨想象一下游览园林时的情景，即便不在花期或层林尽染的季节，也能欣赏到落叶树明亮的叶色与常绿树饱满的浓厚叶色的对比。在落叶期则可以观察纹理复杂的树皮、舒展的枝干。我们总是可以从树木上获得信息。

想要在看到树木时感受到自然的气氛，枝顶起着非常重要的作用。树木的枝条从粗壮的树干开始分枝，并不断地细化和扩散，直至成为无数纤细的枝顶。我们就是从树干到枝顶的“走势”来感受自然的树木姿态的。反之，如果我们看到从树干到枝顶的扩散状态出现明显变化的样子，就会产生不自然的感觉。

要想在修剪后也能保持树木自然的形态，保留枝顶就非常重要。此时，减少枝条数量的疏剪与剪去枝顶的短截相比，优势就大得多了。不仅如此，疏剪的优点还有，修剪过后树木的长势会比较平稳。

高明的疏剪是“自然的不知道剪了什么地方”。这大概是因为在修剪过程中，修剪者依照树种特有的自然树形，仔细挑选真正需要的枝条，同时除去不必要的树枝。所以修剪后的树木整体外形和气氛没有太大的变化，一眼看去感受不到改变。但是，实际上树木已经经过了充分的疏枝，光线能够照进枝与枝之间，从而使得整棵树都变得轻盈起来。**所谓“自然的不知道剪了什么地方”，是指对树木而言，因修剪受到的刺激较少，不会造成很大的压力。**

保留枝顶的树与砍成圆筒状的树

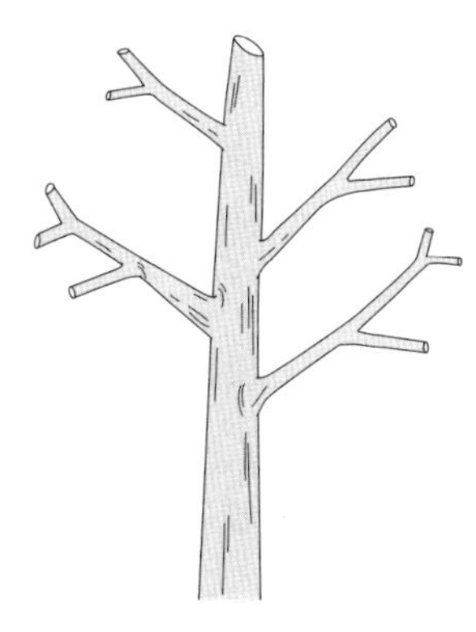

被砍成圆筒状、失去了枝顶之后的树木，显得十分不自然。

保留了枝顶，树木就显得较为自然和舒展，并且会继续分枝扩散。

树木纤细的枝顶

保留枝顶能给人自然的感觉，心灵仿佛得到了净化。

疏剪优点多多！

因保留枝顶，
所以能够维持树木的自然状况。

枝与枝之间通风、透光，
使树枝间变得明亮起来，病虫害也会减少。

能够抑制生长枝的出现，
因此不会破坏树形，
树木的长势也较为平稳。

灵活性强，能够通过更换枝条
把树形控制在适当的大小。

叶片会将养分输送到切口，
易于形成愈伤组织，
能够使切口快速愈合。

从最有可能严重破坏树形的忌枝开始剪起。

“忌枝”也叫做“不必要枝条”，指违背自然生长方式的树枝。修剪时应该先从忌枝开始剪起。如果留下了忌枝，将来很可能会严重破坏树形，因此及早将其剪去是非常重要的。

忌枝主要有以下几个种类：

根蘖条、枯枝、横生枝、立枝、落枝、逆枝、交叉枝、疯长枝、平行枝、重叠枝、车轮枝。

在实际修剪时，要以“剪去忌枝→疏枝打枝”的步骤进行。

修剪忌枝的顺序，要在考虑工作效率的基础上，从对树形破坏最明显、最严重的忌枝开始剪起。

首先剪去枯枝和受病虫害侵袭的枝条，接着剪去逆枝、立枝、落枝、交叉枝，然后再剪疯长枝、车轮枝。如果需要剪去的枝条不止一根，就从由粗到细的顺序修剪。需要把长枝条剪短时，应从外芽稍高处剪。

除此之外，还有平行枝、横生枝和重叠枝。这些忌枝破坏树形的可能性不如前者高，因此，应在均衡考虑它们与其他枝条关系的基础上决定是否将其剪去。照不到光线的枝条就应剪去，有时也要考虑在几年后回缩枝顶，做出“即使是忌枝，现在也应留下来以备将来更新枝条”的判断。

树木也是生物，不一定会按照我们的想法去生长。为将来可能出现的意外，留下能够灵活应对的选项，对于长久维持树木的自然姿态来说，是不可或缺的。

树木忌枝的主要种类

修剪时最好剪去的枝条。

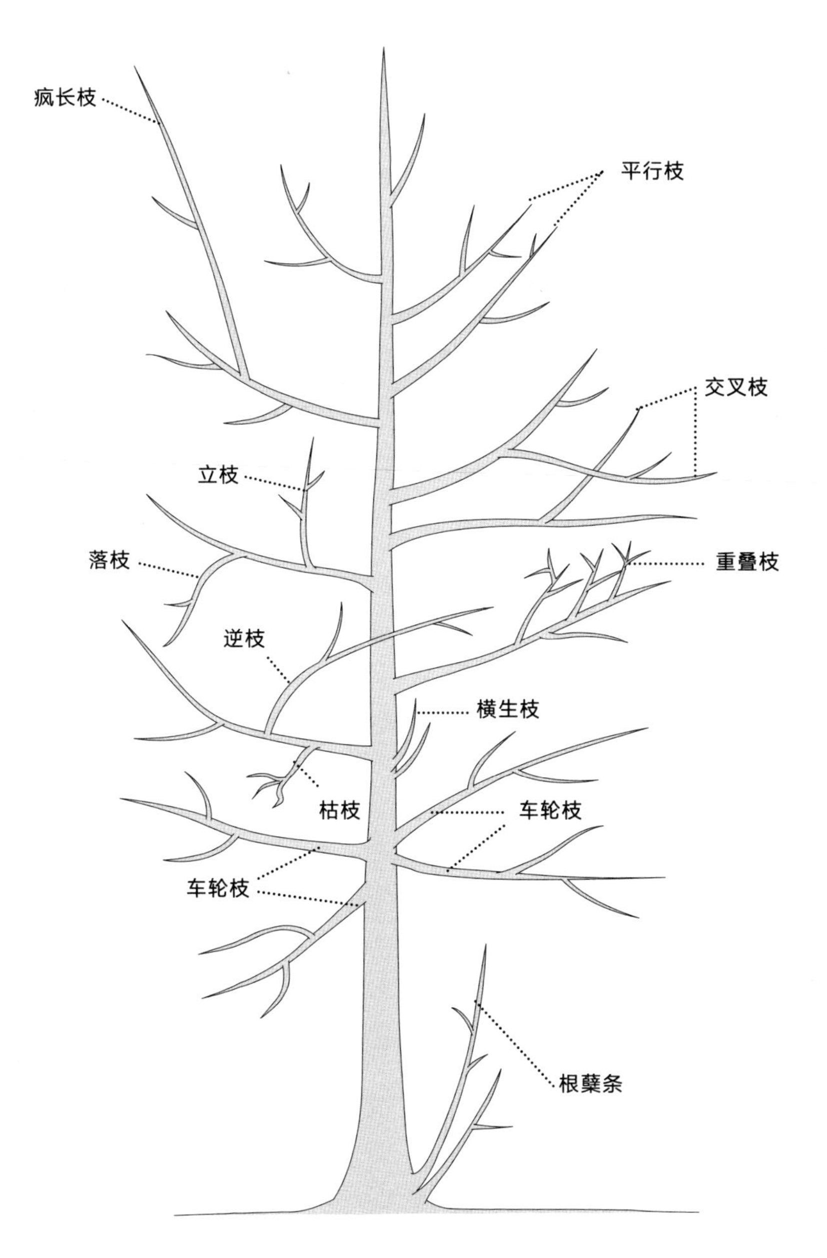

留下枝与枝之间的空隙和配置均等的枝条，将其余的枝条剪去。

在疏枝时，该剪去哪一根枝条，又该留下哪一根枝条呢？

挑选时需要保留的枝条的要点是，枝与枝之间的“空隙”和“配置”合理。最为理想的状态是，修剪后的枝与枝之间的间隔一致，不会有的地方过疏、有的地方过密，能够获得均等的通风和光照条件。

要留下那些在俯视时呈现向四周均匀扩散的枝条。这样做，树木的生长也会更为均衡。

树枝的粗细不一，要尽量使树枝的密度从远处看起来是均匀的。

确定好需要保留的枝条之后，剪枝的原则是要从根部剪断。

我们有时会使用“换枝”的方法，在疏枝的过程中剪去Y字形树枝根部的一侧。换枝是通过更新要培养的枝条，和缓地塑造树形。

等更换到枝顶在原有树冠内侧的枝条后，就可以通过换枝使枝顶回缩。

如果剪去直立生长的枝条，使其成为向外侧生长的枝条，就可以抑制枝条的长势，避免长得过长。

另外，更新枝的方向也很重要。如果是偏直立的枝条，会导致枝势增强而使枝条长得很长，因此需要多加留意。

换枝的方法

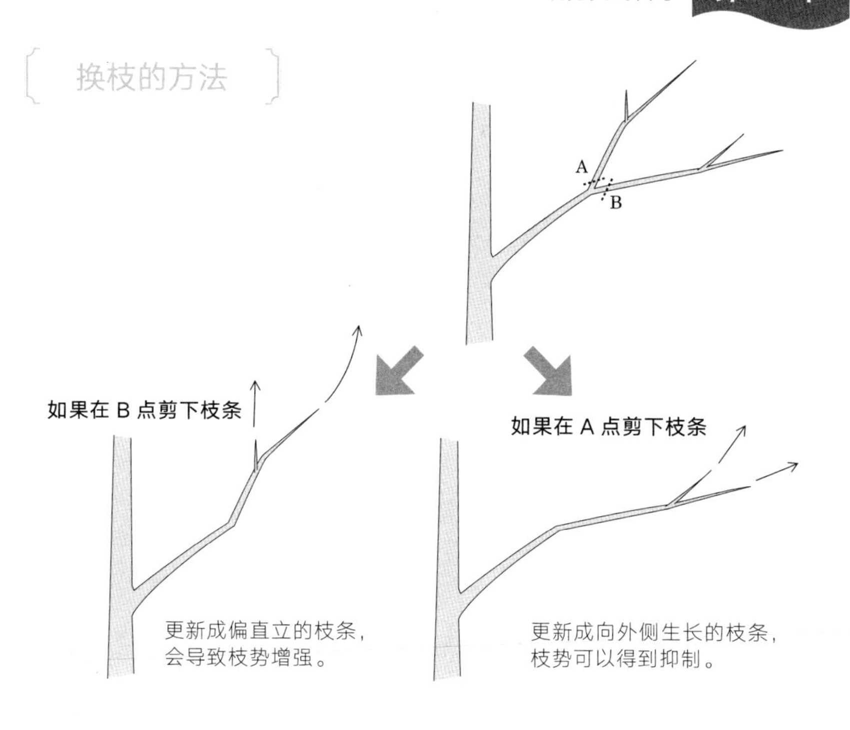

如何挑选该剪去的枝条（俯视图）

枝与枝之间的空隙和配置平均是最理想的状态。

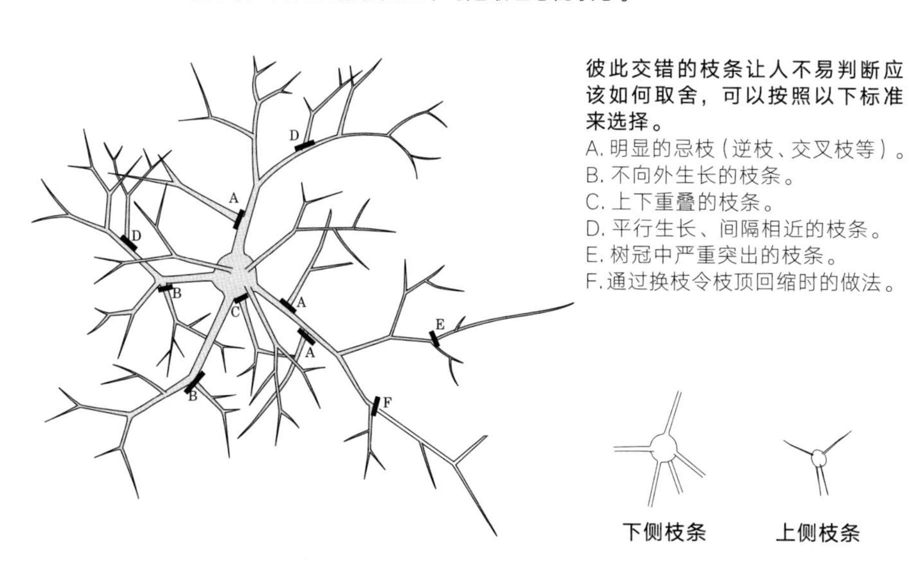

彼此交错的枝条让人不易判断应该如何取舍，可以按照以下标准来选择。

A. 明显的忌枝（逆枝、交叉枝等）。
B. 不向外生长的枝条。
C. 上下重叠的枝条。
D. 平行生长、间隔相近的枝条。
E. 树冠中严重突出的枝条。
F. 通过换枝令枝顶回缩时的做法。

疯长枝是向上旺盛生长的长枝，属于忌枝的一种。

“疯长枝”是指一年中生长量特别大，并且向上生长的枝条。它常常从树干或粗枝条上长出。

在强修剪等做法使得芽的数量大幅减少的时候，因为营养都集中在少量芽上，并且根部还在持续提供养分和水分，所以枝条会不断生长，成为疯长枝。

疯长枝会不断地将光合作用所制造的碳水化合物和吸收的营养物质用于继续生长，因而不会积蓄养分或向新芽分配营养。所以到了花芽分化期，因组织不够成熟几乎不会长出花芽。

如果不对疯长枝进行处理，养分就会集中在疯长枝上，从而导致其他枝条生长迟缓。因此疯长枝常被视为忌枝，应从根部将其剪去。不过，像紫薇这类在新枝上开花的苗木，有时也会出现疯长枝开花的例外情况。

疯长枝

疯长枝

从枝条中段开始旺盛地生长，看上去似乎很健康，但组织结构并没有随之成熟。

专栏

短截之后为什么会长出许多生长枝？

树木具有“顶端优势”的性质。具体说来就是，位置越高发芽越快，新梢长得越长；反之，低位置侧芽的生长则受到抑制。这是在自然界为了更快地向上生长，从而在争夺光照的生存竞争中取胜的机制。

顶端优势是植物激素之一——生长激素造成的。顶芽所制造的生长激素会顺着重力的方向（下方）移动，从而抑制侧芽的发育和生长。

如果顶芽在修剪中被剪去，生长激素的浓度就会减弱，因此侧芽就会开始向上生长。这就是枝条短截之后，切口周边的侧芽会长成疯长枝的原因。树篱则是利用了这种性质，反复在同一位置修剪，从而使表面变得致密。

植物激素、生长激素的浓度与生长枝有关。

顶芽会抑制侧芽的生长

植物之所以会长出生长枝，其实是受到了植物生长激素的影响。

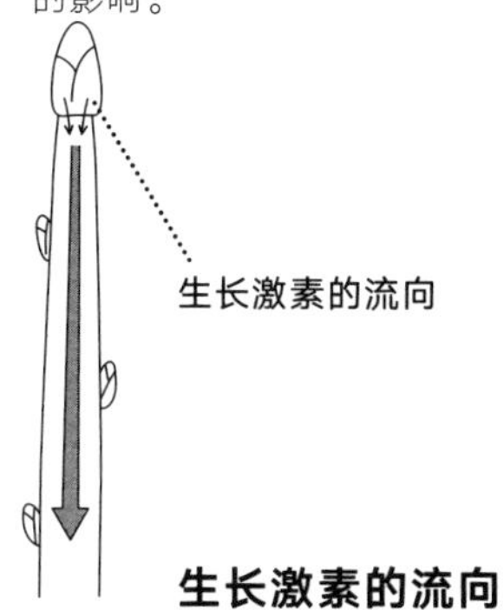

生长激素的流向

疯长枝容易出现在什么样的情况下？

疯长枝易出现在用接近水平的枝条、弯曲的枝条或枝条替代原有枝条的情况下。

植物的生长受多种植物激素的影响。**修剪时所保留的枝条之所以会长成疯长枝或立枝，是因为顶芽或枝条直立角度的改变，使得植物激素的平衡发生了变化。**

生长激素是顺着重力方向从顶芽向下输送的，因此，当枝条的直立角度或粗细影响了激素浓度时，就无法抑制侧芽的生长。如果通过修剪和引导使枝条接近水平，生长激素就会沉到枝条下方，使上方的生长激素浓度降低，上方的侧芽就容易变为疯长枝。枝条越接近水平越粗，就越容易出现这样的情况。

除此之外，如果枝条严重弯曲，也同样容易长出疯长枝。果树等植物就是利用了这种性质进行栽培的。

修剪时的注意事项

不要让粗枝接近水平。
修剪时应从树干的根部切断，把整根枝条去除。

不要在粗枝上制造出明显的弯曲。
在根部剪断、更新枝条的时候，不要更新成特别细的枝条。

直立角度大的枝条容易长出疯长枝

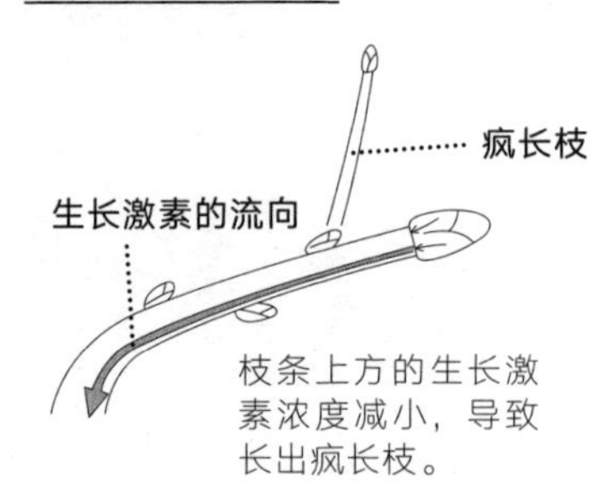

特别细的枝条容易长出疯长枝

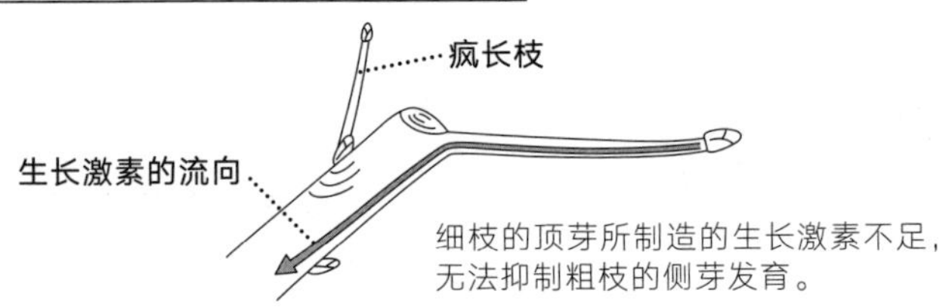

修枝剪的使用是有诀窍的。粗枝要从上面开始剪。

修枝剪的剪刃分为上剪刃和下剪刃。修枝剪的使用诀窍是用一只手让下剪刃在下，把枝条深深卡住，然后用另一只手轻轻把枝条向下按住，同时按下剪柄，将枝条剪断。

修剪作业的进行方式也是有讲究的。首先要认真观察树木，考虑要修剪成什么样的形态，在心中确定了方案之后，再开始着手修剪。**疏剪的顺序是，先剪去忌枝，再对交叠的部分疏枝。无论在什么样的情况下都是以先从粗枝下手为原则，因为这样做能够更容易判断接下来该剪多少。**

修剪时，人们往往喜欢从可以直接够到的下侧枝条着手，其实从上侧开始修剪，更容易判断应该剪去哪些枝条。确定了树木的顶部，就能将其作为基准，判断枝条的扩张情况，并且登上梯子向下看时就能了解枝条的状态，也更容易决定应保留哪些枝条。

修枝剪的用法

按住枝条
用一只手轻轻按住要修剪的枝条，让上、下剪刃能够顺利咬合。

上剪刃
起固定枝条的作用，本身并非刀刃。

下剪刃
用下剪刃用力剪去固定住的枝条。

从车轮枝的根部剪去一至三根枝条，同时要防止树木形成左右对称的形态。

所谓车轮枝，是指从树干的同一位置水平长出四根以上的枝条。松树类、四照花、山茱萸等是容易长出车轮枝的树种。

车轮枝之所以是忌枝，是因为四根以上的粗侧枝通过光合作用制造的养分会向下输送，使车轮枝下方的树干变得比上方的树干粗得多，从而影响树木的美观性。

即使是长在同一高度的侧枝，如果粗细不同，也不一定会被判断为车轮枝。

修剪车轮枝是需要丰富经验的技能。基本原则是，将长有四根以上枝条的车轮枝从根部剪去一至三根枝条，同时也要在树木整体均衡的基础上选择要保留的枝条，让枝条向四周扩散，以免形成左右对称或上下都朝同一方向集中的树形。可以从上至下将枝条以螺旋状配置。

此外，如果留下的枝条形成了直线般贯穿树干的形态，就变成了忌枝之一的“贯通枝”，应尽量避免这种情况的发生。

即使原本是对生的树木，也要改变枝条的配置，使它在未来形成互生的形态，这就是修枝的要点。如果拿不定主意该剪哪根枝条，就从粗枝开始剪起。

树木长大以后再剪去粗大的主枝属于强修剪，会使树木长出新的忌枝，因此车轮枝要在树木还未长成时就处理掉。

车轮枝的疏枝法

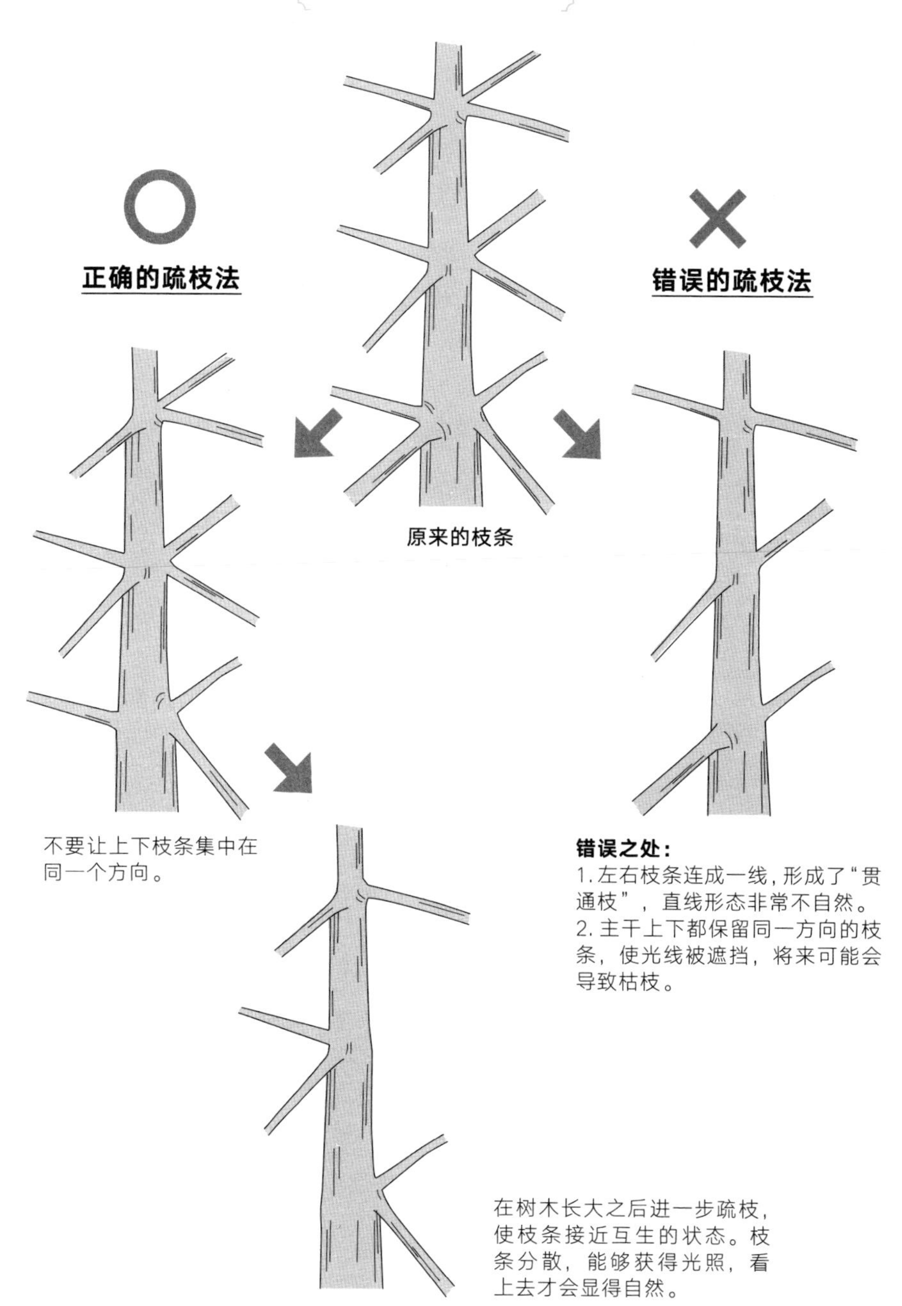
原来的枝条
○
正确的疏枝法
不要让上下枝条集中在同一个方向。
在树木长大之后进一步疏枝，使枝条接近互生的状态。枝条分散，能够获得光照，看上去才会显得自然。
×
错误的疏枝法
错误之处：
1. 左右枝条连成一线，形成了“贯通枝”，直线形态非常不自然。
2. 主干上下都保留同一方向的枝条，使光线被遮挡，将来可能会导致枯枝。

用棍子敲一敲就知道了。

落叶树的修剪适宜期在冬季（落叶期），此时树枝上的叶片都已凋落，只凭肉眼或许很难区分枯枝和休眠中的枝条。

这时用棍子敲一敲就知道了，**因为枯枝用棍子敲一敲就会折断，**而休眠中的枝条被轻敲两下是不会折断的。一般来说，树木内膛难以照到光线的地方枯枝会较多，所以应先以那一带为中心，用棍子敲打一番。在修剪时，如果不先把枯枝敲掉，可能会造成保留下枯枝的情况。

进入春季以后，可能会出现本应越冬发芽的枝条却枯死的情况。如果芽从枝条的下方长出，那就从芽的上方将枝条剪去。一旦发现枯枝应立即将其剪去。将干枯的部分剪掉后，芽生长的势头会变得更猛。

在冬季，光凭肉眼很难分辨落叶树的枯枝和休眠中的枝条。

留下根蘖条会长成丛生植株吗？

视树种的不同，有的会变成其他树种，有的原有植株会被弱化。

一般园艺植物是通过扦插或嫁接来繁殖新苗的。如果是嫁接苗，从砧木上长出的根蘖条在原则上是需要切除的。因为一旦根蘖条长大，就会使嫁接的树种枯死。当栽培的苗木不知什么时候开出了和嫁接树种不一样的花时，基本上就是这种情况了。

即使是播种育苗或是扦插而成的苗木，根蘖条强壮起来也会使本体植株弱化，因此根蘖条也是忌枝的一种。

但是，在有些情况下是可以保留根蘖条的。对于加拿大唐棣、具柄冬青等容易长出根蘖条的树种，保留根蘖条可以将其培育成丛生植株。另外，灌木类树种单根枝条的寿命较短，长不成粗壮的树干，因此要留下若干根蘖条以便于换代。即使是乔木类树种，当树干腐朽或受病虫害侵袭而衰弱的时候，也应保留根蘖条以便替代。

根蘖条

从树木根部长出的幼芽。属于忌枝的一种，但也会在丛生树种的培育中用到。

把多根直立枝条看作一根树干，从而分辨忌枝。

“丛生树形”是指不止一根树干（主干），而是有三根以上树干的树形。在近年来所流行的、杂木风格的庭院设计中，也常常用到丛生树形的树木。丛生树形分为三根干、五根干、七根干等种类，以从侧面看枝干不会重叠在一起的奇数最受欢迎。

修剪丛生树的树形时，要从上往下看，把各条枝干视为一个整体，从而分辨忌枝。

各条主干内侧生长的枝条会打乱树形，原则上应该剪去。因为如果向内侧生长的枝条强壮起来，主干的顶端就会为避开它而向外侧散开，并继续生长，从而破坏丛生树树形原有的紧凑感。

利落的丛生树的树形，自然又美观。

丛生树的修剪

考虑植株整体的均衡和发育后再进行修剪。

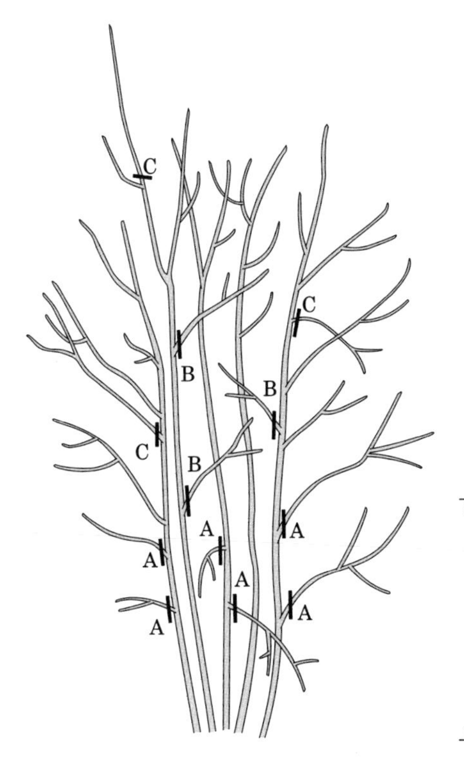

A= 剪除植株下部 1/3 至 2/3 位置的枝条。
B= 剪除向植株内部生长的枝条。
C= 剪除平行枝、交叉枝、疯长枝，
并利用其他枝条更新，使树形高度回缩。

俯视视角下的修剪位置

将多根主干视为一根树干。

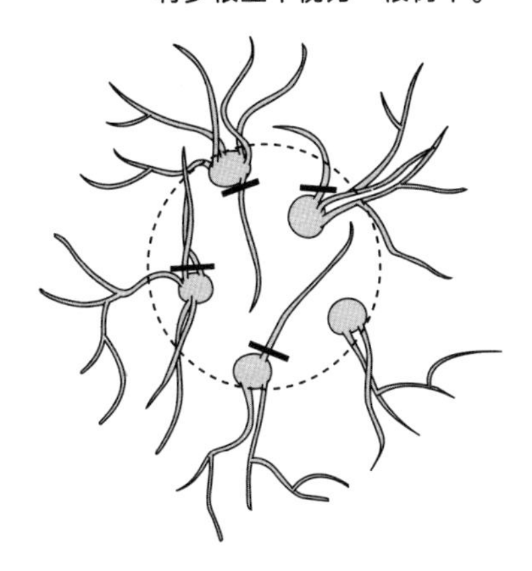

将多根主干视为一根树干，剪去向内侧生长的枝条和与两侧交叉的枝条，保留向外侧生长的枝条。

专栏

砧木

嫁接苗是以要繁殖的园艺品种作为母株，截取母株的一部分枝芽作为接穗，然后固定到相近种类的砧木上。一般而言，嫁接过程中会使用与母株树种相同的树种（原树种）的树苗（实生苗）作为砧木。

不过，即使树种不同，只要亲和性好就可以进行嫁接。因此，为了便于取得砧木和嫁接操作，也常常会用其他优良树种的树苗作为砧木。例如，红花的大花四照花就会用四照花的实生苗作为砧木，紫丁香的砧木是欧洲女贞，而樱树常以青叶樱作为砧木。

砧木一般长势较强，因此具有增强树木环境适应力、促进接穗生长的作用。

各种砧木

从欧洲女贞上长出的紫丁香砧木芽。

嫁接在四照花上的大花四照花。

专栏

丛生苗木的两个种类

丛生的苗木依据其培育过程的不同，可分为“一本多杆”和“多本同生”两个种类。

一本多杆是对原本为一根树干的树木在根部附近进行短截，将残桩上长出的生长枝培育成丛生苗木。这与因遭到砍伐而形成杂木林的道理是一样的。如果丛生苗木的枝干在根部是合而为一的，就可以判断它是一本多杆。因为将长粗的树木截短进行重新培养，需要耗费大量的时间，所以这类苗木生产成本较高，但由于是在根部相连的一个整体，所以枝条的生长较为均衡，树形也不易乱，修剪起来较为轻松。

多本同生是将多株同样的苗木种植在一起培养成的丛生苗木。主干的根部并非聚拢成一根，而是从不同地方长出苗木，这种情况就很可能是多本同生。多本同生苗木的育成时间较短，生产成本也较为低廉。但由于是多株苗木聚合生长，每株都是独立的个体，因此会有生长步调不一、枝条易相互交叉的缺点。为了维持美观的丛生树树形，每年都需要修剪，以免树形杂乱。

丛生苗木的种类

一本多杆（四照花）

由一株苗木栽培而成的植株。

多本同生（青叶樱）

由多株苗木聚集栽培而成的植株。

利用向外扩散的弧状枝条打造整体造型。

如果在庭院中或是阳台上栽种枝垂樱、枝垂红叶等垂枝树种，景致就会显得更加丰富。

垂枝树形树种的枝条向上生长的能力弱，枝条会随着不断的生长而下垂。如果任其生长而不进行修剪，下垂的枝条就会越来越多，使得树木的内部交错混杂、通风不畅，最终导致内膛枝干枯。因此，在每年的定期修剪时，要将其剪成类似瀑布的、一截一截流下的树形。

修剪的诀窍是，保留向外生长的弧状枝条，并剪去竖直垂下的内膛枝。

另外，如果把枝顶过度剪短或进行整形修剪，会导致苗木失去垂枝树种特有的柔软感，使枝顶变成丸子状，这种情况也要避免。

垂枝树形的修剪

垂枝树种的示意图。
将树形塑造成如同瀑布般倾泻而下的形态。

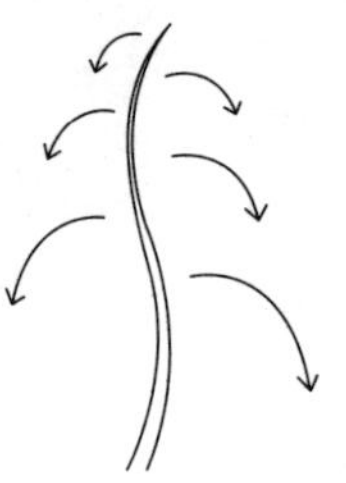

垂枝树种如果不加处理，垂下的枝条就会重叠在一起，导致内膛枝干枯，因此要在注意整体均衡和枝间间隔的基础上进行修剪。

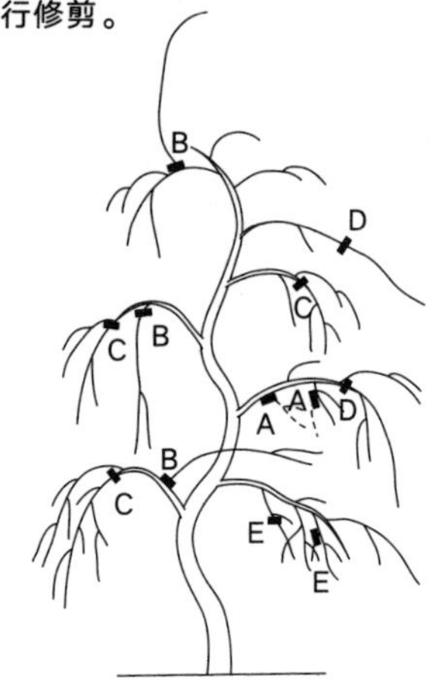

A. 剪除枯枝。
B. 剪去逆枝、立枝、竖直下垂的枝条。
C. 如有上下重叠的枝条，剪去走势不佳的一方。
D. 用向更外侧生长的枝条替代长长了的枝条。
　如果没有可更换的枝条，就将上芽处剪短。
E. 疏理混杂在一起的枝条。

专栏

枝垂樱的枝条为什么会下垂？

枝垂樱、枝垂梅等垂枝树种的枝条在生长的过程中原本是会维持自身的均衡的，之所以会形成垂枝树形，其中一个原因是年轮的发育方式不同。例如在强风处、坡地，或是积雪处等存在单一方向作用力的地方，阔叶树的树干就会增厚，形成与受力侧方向相反的年轮，以拉扯或支撑树体。

树枝的重量也是靠增厚枝干的年轮来支撑的。观察一般树木的树枝断面，可以发现前部的年轮下部紧密、上部疏松，将枝条向上拉扯。垂枝树种则没有这样的年轮发育机制，会因为无法承受枝条的重量而下垂。

颇具雅趣的枝垂樱。

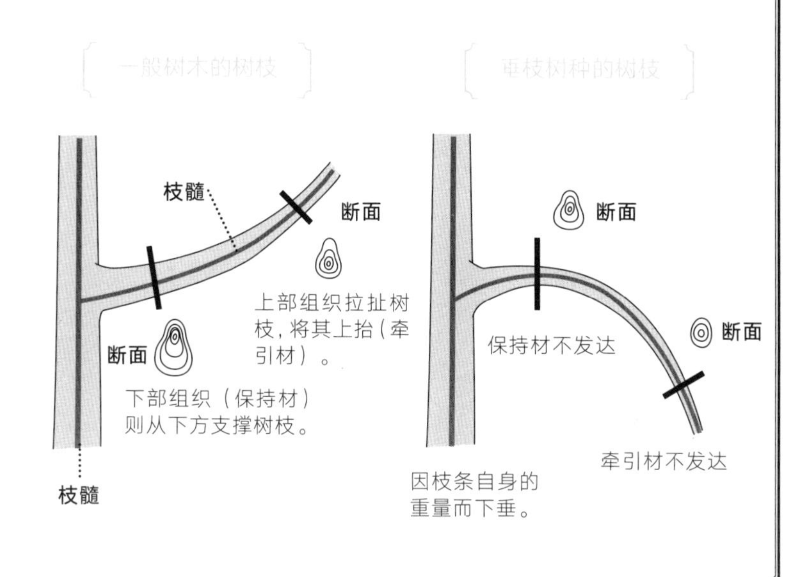

专栏

垂枝树为什么长不高？

从园艺店购入垂枝树的树苗后直接种在庭院里，会出现只向外扩而不长高的情况。

其实，垂枝树所有的枝条都会下垂，无法像一般树木那样长高。生产垂枝树苗木的厂家会设立支柱，将长长的枝条向上引导，以塑造主干。支柱拆除之后，树木则不会继续长高，如果想要让树木再高一些，就需要在购买后设立支柱，将长长的树枝向上引导，以形成主干。

另外，如果栽种时不设支柱，枝条就会下垂，随着树木生长，光线难以照进树木内膛，从而使树枝干枯。

栽种时未设支柱

垂枝树长出的枝条会全部下垂，所以如果不加处理就长不高，而且会因枝条的自重横向伸展。

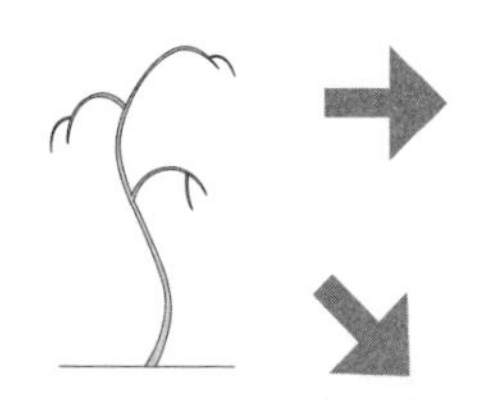

购入的垂枝树的树苗

栽种时设立支柱

利用支柱将枝条向上引导。

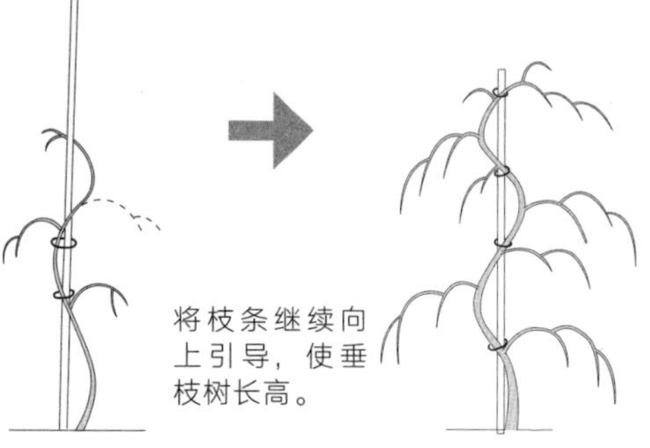

灌木分为直立性和丛生性两种，修剪方法各不相同。

马醉木、石楠花等直立灌木由于枝条寿命较长，所以会长出壮实的主干，基本上不会从根部发芽。这些灌木向上生长的速度缓慢，树形不易乱，只需修剪和打理突出的枝条即可。

另一方面，珍珠绣线菊、紫阳花等丛生灌木的枝条寿命较短，长到一定的粗细后就会干枯，由其他枝条顶替，而植株整体则继续存活。修剪时也要根据它的这一性质，将老枝从根部剪断，以调节枝干间隔，保留根部长出的较细的幼枝，以维持轻盈的枝势。由于不像修剪乔木类树木那样会切除粗枝，因此即使不在适宜期修剪，问题也不大。

对于用来观花的灌木，如果进行花后修剪，只要在剪去旧枝的同时对保留的枝条进行短截，就能维持紧凑的树形，也能改善第二年的开花情况。

丛生灌木的修剪

贴地剪去枯枝、老枝，以更新换代。如修剪开花的枝条，应从开花处起，在向下约三节距离的芽的上方修剪。

修剪时要避免破坏从树干到枝顶的树枝“走势”。

即使是专业园艺师，修剪红叶树也不是一件易事。

多数红叶树的树形都是左右不对称的，既没有笔直的树干，也没有明确的中心。而且纤细、美丽的枝势正是它的特色所在。

对红叶树进行修剪时要注意“不破坏枝条的走势”。 所谓枝条的走势，可以将其想象成树枝从树干到枝顶划出和缓的弧度、枝条顺风摇曳扩散的样子，这样或许会比较容易理解。为了制造出柔软的枝势，要保留向外侧扩散的枝条，同时适当疏枝。**要注意立枝会严重破坏红叶树的树形，因此一定要剪除。**

制造出会让枝条严重弯曲的点，把枝顶大幅剪短，用角度极大的枝条更换原有枝条的行为，都会破坏枝条的走势，因此应尽量避免这些情况发生。

红叶树修剪实例

枝条舒展的红叶树。

因强修剪而变成一团的红叶树。

红叶树的修剪

修剪的窍门是“不破坏枝条的走势”。

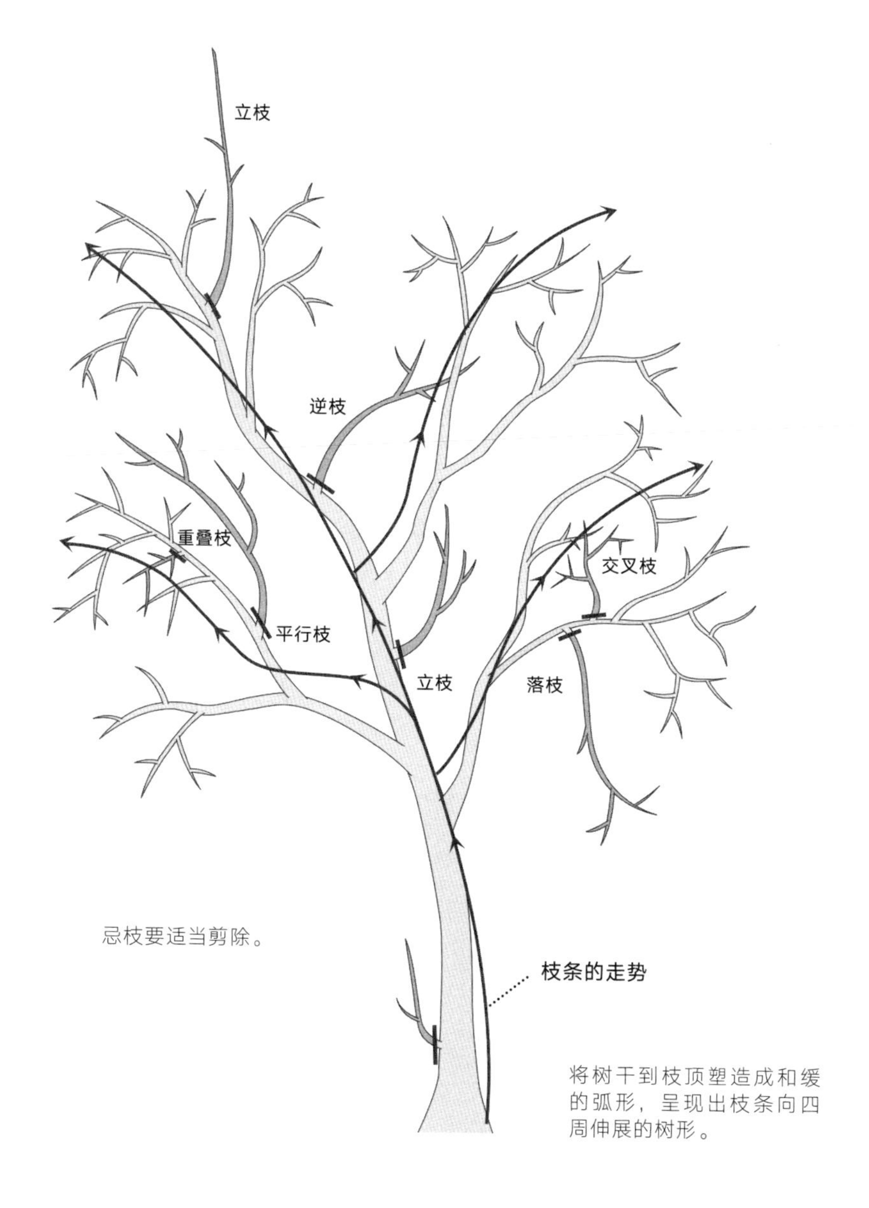

多年来一直截短枝条的树也能挽救吗？

立即停止短截，选择长长的枝条，在疏枝的同时重塑树形。

如果长年短截枝条，树形就会被破坏。想让这样的树恢复到自然的样子需要几年的时间，不过还是办得到的。这类树的树冠枝条严重交叉，内膛枝已经干枯，所以要从重塑全树的自然树形开始。

首先，从切口周围长出的多根枝条中保留一两根顺着切口向外伸展的、较为健壮的枝条，其他的枝条则从根部剪去。

如果从树瘤处长出了密集的细枝，就把该树瘤切除，以长出新的健壮的枝条。在长出几根向外伸展的枝条之后，就能够以此为基准开始进行疏剪。

多年短截的切口会长出生长枝，这些枝条要随时剪除，不必等到修剪适宜期再进行修剪。

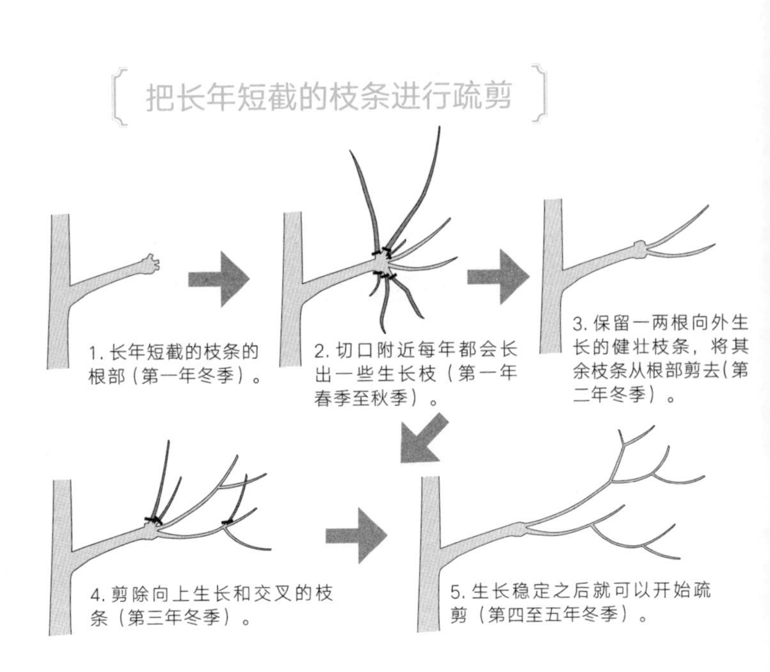

第三章
确定修剪时间和窍门

如果掌握不好修剪时期和修剪方法，可能会导致树木枯死。

枫树类树种在 12 月修剪，合欢、凌霄等树种在早春修剪。

虽说落叶树的修剪适宜期是冬季（12 月至次年 2 月），但也有些例外的树种。

首先，**需要早些修剪的树种是枫树类。**一般枫树类的树液在 1 月时开始流动。如果在这时修剪，树液会从切口流出，消耗树木的养分。

枫树类只要叶片变红就可以开始修剪了，最迟也要在 12 月修剪完毕。樱树类的修剪时间虽然不必像枫树类这样严格要求，但最好在 12 月至次年 1 月之间修剪完毕。

反过来，**最好较迟修剪的树种则是春季发芽较晚的树种，如合欢、凌霄、紫薇等。**这些植物畏寒，休眠时间较长，如果在初冬进行修剪，可能会在春季发芽前因缺乏养分而产生枯枝，特别是处在寒冷地区的时候，因此在早春进行修剪较为安全。发芽前的 3 个月是这类树的最佳修剪时期。

糖枫的叶片。

专栏

采集枫糖的时间

枫糖是在糖枫的树干上钻出一定数量的洞，用塑料软管等工具采集树液后浓缩制成的。在枫糖的原产地加拿大，人们会在冬季即将过去、雪开始融化的时候集中进行采集，因为在这个时期，高甜度树液的流动最为活跃。

日本的色木槭的树液甜度也非常高，和糖枫的树液一样可以制糖，但也因此容易受到天牛等蛀虫的侵袭。

树液开始流动的时期比发芽时期早得多，这是枫树类植物的共同特征。在比加拿大温暖的日本，树液在 1 月就会开始旺盛地流动，因此应在此时采集枫糖。

园艺界有一种说法，枫树类植物只有在红叶期后的两个星期是完全休眠的。

枫糖的制法 **采集适宜期为 1 月。**

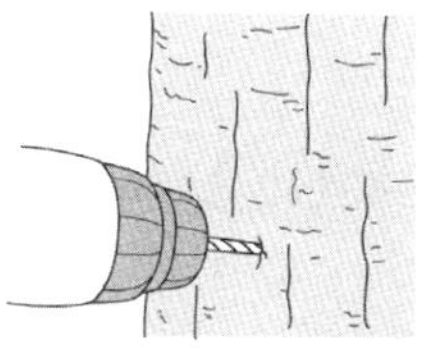

❶ 如果有条件，请选择树龄 30 年、直径 20 厘米以上的树，在树干上钻出直径 1.5 厘米、深 4 厘米左右的洞。

❷ 插入软管或龙头，用桶收集树液。

❸ 用滴落式咖啡的过滤器滤掉杂质，倒入锅中熬制，浓缩至原体积的 1/30~1/40。

切口不易愈合的树种，以及秋季的常绿树、针叶树和衰弱的树木。

一旦开始修剪树木，就会越来越难收手，但有些情况是不能过度修剪的，因此需要注意。

首先，对于切口不易愈合的枫树类、日本紫茎、合花楸等树木，如果制造出面积太大的切口，有可能会因病菌入侵而使树木枯死。所以除了每年勤加修剪、避免会造成大面积切口的强修剪外，每次修剪过后还应在切口上涂抹伤口涂补剂，以防止病菌侵入。

对于不耐寒的常绿树，要进行弱修剪。因为如果修剪过度，常绿树就会像俗语所说的“树感冒”那样，因冬季的严寒而受损。

针叶树也是必须避免过度修剪的树种。针叶树十分耐寒，但不易发芽，原本没有芽的地方基本上不会长芽，如果短截到没有叶子的地方，就会不再发芽而导致树枝整体枯死。这是因为针叶树不像落叶树那样会形成不定芽，长出生长枝，从而恢复枝势。短截时一定要注意保留树叶，特别是在秋季时不要修剪过度。

除此之外，**衰弱的树木也不能过度修剪。**对于呈现出衰弱症状（今年的新梢生长量少、叶片变小、叶片数量减少等）的树木，如果过度修剪叶片，就会因光合作用减少而产生枯死的危险。还有，如果因修剪而减少了叶片，强烈的阳光就会直射树干，导致树干被晒伤。所以衰弱的树木应暂时不修剪，等叶量增加、树势恢复之后再修剪。

是靠分解树木成分来繁殖的蘑菇的同类。

与树木相关的蘑菇大致可以分为两种。分别是分解树木组织的蘑菇和与树木共生的蘑菇。

我们平时食用的、人工栽培的蘑菇，例如用段木（接种菌种的原木）栽培的香菇，用木糠栽培的金针菇、蟹味菇、灰树花等，就是靠分解树木组织繁殖的杂菌。另外一种是与树木共生的蘑菇，这类蘑菇有松茸、本占地菇等。它们被称为“菌根真菌”，只有菌丝与树木形成共生体才能生长，因此无法进行人工栽培。只要观察蘑菇的生长方式就能判断出它们属于哪一种类型，长在树上的就是杂菌，直接从土中长出的则是菌根真菌。

虽然杂菌的孢子飘浮在空气中，但因健康的树木有坚硬的树皮保护，所以杂菌无法入侵。但遇到风雪使树枝折断或是因修剪所产生的切口导致树木的内部组织露出，杂菌就很容易从这些伤口入侵。如果是健康的树木，就能制造出防御层阻挡真菌的入侵，并在此期间形成愈伤组织堵住切口。但是如果树木已经衰弱，或是因不合时宜的修剪导致防御层的效果弱化，又或是修剪方法不当而难以堵住切口，就会令腐朽菌侵入树干，最坏的情况是因烂根而导致树木整株死亡的情况发生。

长在树上的云芝。杂菌已侵入了树的内部。

因为从枝条的根部剪断，切口可以较快地被堵住。

枝条在修剪时被剪去，对树木而言就像是接受了一次手术。树木会通过由光合作用制造的碳水化合物形成愈伤组织，堵住修剪的伤口。

为了顺利地在切口形成愈伤组织，就必须向切口周边供给含有碳水化合物的树液。因此，高于切口的部分就需要有足够的叶子进行光合作用。但是，各部位树液的流量并不是均等的，粗而直的干流中有大量树液流动，一旦形成拐角，变细的部分的树液流量就会变差。

如果修剪时留下一部分残枝，那么不仅残枝上方没有叶片，残枝本身还会变成死路，树液不会流入其中，也就无法堵住切口。**如果切口迟迟没有被堵住，杂菌就会从切口入侵，通过导管或筛管侵入树干，甚至导致整棵树枯死。**

愈合的切口

如果从枝条的根部彻底剪断，就会形成愈伤组织，把切口堵住。

切口没有愈合

如果留下偏长的残枝，就无法顺利形成愈伤组织，切口也就无法被堵住。如果切口没有被堵住，就会因杂菌的入侵，导致树干枯死。

感染杂菌，致使树干部分干枯的案例。

树枝与树干的内部结构

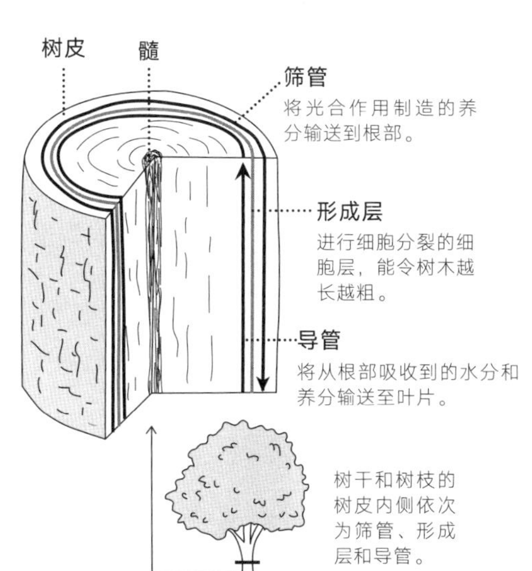

树干与枝条相交处、称为“枝隆”的膨大部分的外侧就是根部。

树干和树枝、树枝和树枝是彼此相连的，分界并不明确。不仅如此，有时想把粗枝从根部切除时，还会因为树干与枝条的交界处膨大而不知道该从哪里锯。

这个膨大部位称为“枝隆”，从构造上说属于树干的一部分。枝隆内存在一层叫做“防御层”的组织，用于阻挡杂菌从树枝侵入树干。

防御层还有一个作用，就是当树枝被切除时，它可以利用树液所提供的碳水化合物形成愈伤组织，以堵住切口。所以修剪时留下防御层是非常重要的。

枝隆与修剪位置

为避免伤及枝隆，可以保留防御层，加快切口的愈合速度。

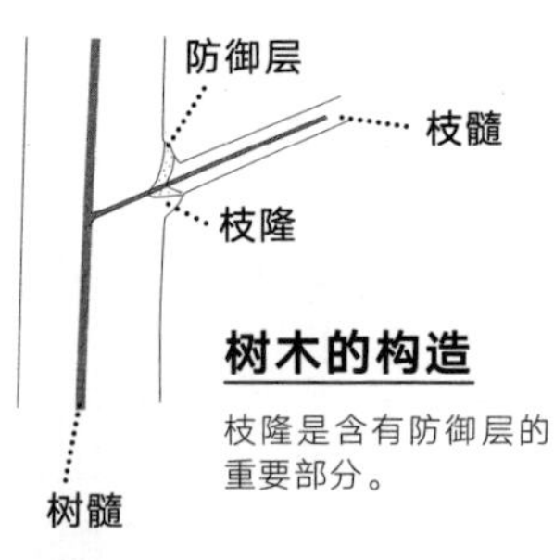

树木的构造

枝隆是含有防御层的重要部分。

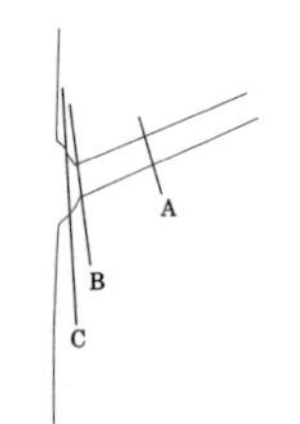

粗枝的修剪位置

A. 切口不易堵住，会造成杂菌入侵。
B. 沿着枝隆切除，能保留防御层，切口能很快被堵住。
C. 会伤及防御层，造成杂菌入侵。这种做法叫做闪切。

为了让切口平滑，应分三步切除枝条，以免其因自身重量而断裂。

修剪的大前提是，要防止杂菌的侵入。为此，我们的目标就是要让切口平滑。但是，树木长得越大、越粗，修剪就会越困难。

让切口被顺利堵住，保持切口表面平坦、光滑是非常重要的事。利落的切口只要经过细心护理就能较快愈合，而粗糙不平的伤口则很难愈合。**因此，在需要制造切口的时候，应使用锋利的剪刀和锯子，小心切除枝干，以使切口平滑。**

另外，由于粗枝又长又重，如果一次切除，会有因枝条的自重而使切口断裂的危险。如果断裂势头较猛，还可能伤及多个部位，直至树干。为了避免这样的情况发生，切除粗枝的时候要分三步进行。

粗枝的切法

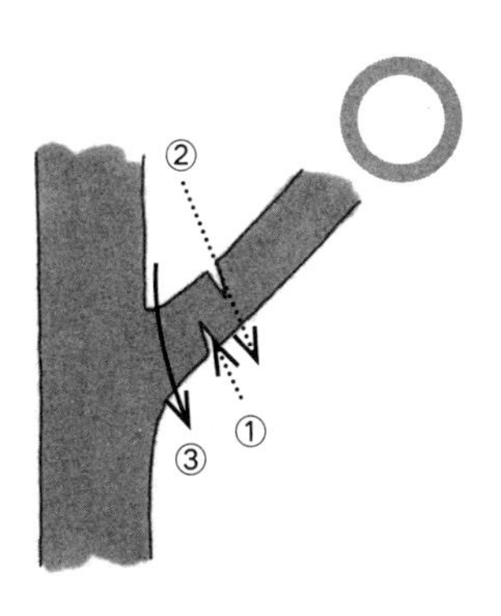

①在要修剪位置的前方从下侧往上切断 1/3 左右。
②从枝条的上侧切断。
③在树干附近再切一遍，形成平整的切口。

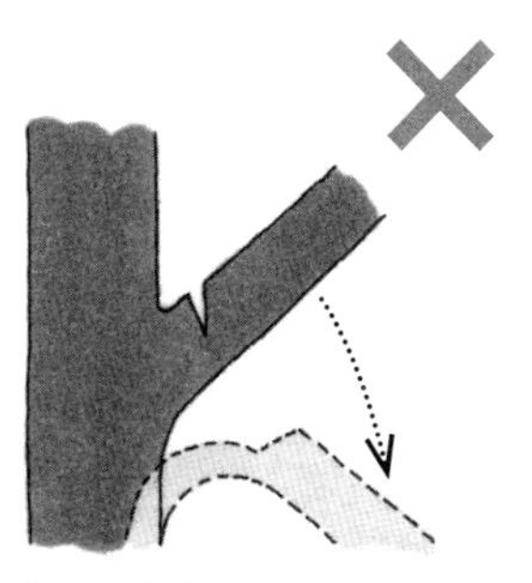

如果不事先在下方切出缝隙就想一次性将枝条切断，可能会因枝条自重而一直断裂到树干附近，造成树干的损伤和枯死。

市面上销售的一般涂补剂的效果可以持续三个月到半年的时间。

一般而言，较容易买到的涂补剂是甲基托布津等药品。这是一种膏状的杀菌剂，可以保护切口，以免杂菌侵入树干，对于保护切口十分有效。它的效果能持续三个月到半年的时间，但是如果切口面积大，则通常需要一到两年的时间才能完全愈合，因此每过三个月左右就要再涂一遍涂补剂。

另外，有一种保护效果较长的伤口涂补剂，叫做“人工树皮”。这种产品的主要目的是保护切口，所以不含有杀菌剂成分，使用后皮膜会硬化，保护效果能持续两年左右，因此适于用来保护大面积的切口。

面积大于一元硬币的切口都很有可能被杂菌侵入，这些切口全都需要涂上伤口涂补剂。如果只涂抹部分切口，杂菌就会从没有涂抹涂补剂的切口侵入，因此应特别注意。

伤口涂补剂的涂法

1 直接使用容器涂抹，或者用刮刀将涂补剂涂在切口上。

2 把切口完全覆盖。

3 完成。每两三个月重新涂抹一至二次，直至切口堵上为止。

有没有能代替伤口涂补剂的物品？

木工用的黏合剂也有一定效果。

市面上销售的伤口涂补剂大部分是由黏合剂中会凝固的成分加上杀菌成分制成的。**在无法获取伤口涂补剂的时候，可以用木工黏合剂替代。**

有时我们可以看到，粗大的枝条在切除后被套上了空罐，这也是有效的切口保护方法。虽然杂菌充斥在空气中，但只有当切口被雨淋湿、易于附着和繁殖的时候，它们才会侵入。只要用空罐等器物挡雨，就能大幅减小杂菌侵入的风险。

还有，在治疗古树时在切口上涂抹炭粉，是因为炭具有很好的杀菌效果。

但要令切口愈合，只能依靠树木通过光合作用制造碳水化合物自发形成愈伤组织，伤口涂补剂及替代品的作用只是保护最初的切口和帮助切口愈合。

修剪时别忘了关照切口。

人工树皮是具有长时间保护效果的伤口涂补剂。

虽然无法除去，但增强树势能够阻止情况恶化。

如果用心栽培的树木感染了杂菌，枝干开始干枯该怎么办呢？很遗憾，以目前的技术是无法完全去除杂菌的。

在十几年前，人们还尝试过将腐朽部分削去，然后填上灰泥或氨基甲酸酯以阻止其继续腐朽。但是几年后，对这些措施进行验证时发现，许多树木的腐朽并没有停止。

对于感染了杂菌的树木，目前主流医治方法是通过改良土壤增强树势，从而强化感染部位的防御层。

需要注意的是，当树上长出蘑菇时，就说明已经有相当数量的杂菌在树木内部繁殖了。

蘑菇是已经充分繁殖的真菌为向外扩散而开出的相当于花的器官，如果长出蘑菇，说明感染已经发展到了相当严重的程度。

为了保护重要的苗木，注意修剪的时期和修剪方法是非常重要的。

杂菌是蘑菇

长出云芝的树。已经无法将真菌从树木内部彻底清除了。

树木的修剪能否隔年进行？

隔年修剪会导致叶片量显著减少，给树木造成巨大的压力。

修剪的基本原则是要每年都要进行，如果隔年修剪，就需要一年剪去两年份的量。一次性从繁茂的树上剪去大量枝条，就会因叶片的急剧减少对树木形成巨大的压力。一旦叶片量大幅减少，光合作用能够制造的碳水化合物就会相应减少，严重的话可能导致部分根系死亡。

另外，隔年修剪属于强修剪，会使树木急于恢复原状，导致产生疯长枝。不仅如此，由于切口数量增多，感染杂菌的风险会上升。如果两年没有修剪，枝与枝之间通风不佳，感染介壳虫、蚜虫、白粉病等病虫害的危险也会增大。

每年的修剪能把叶片量的增减控制在较小的范围内，因此能够减轻树木的压力。如果能保持树木的健康，就能延长树木的寿命。

话说回来，作者身为树医，常常会接到客户需要治疗家中衰弱的松树或日本扁柏的请求。详细询问之下，发现其中不少病树都是隔年修剪，而不是每年修剪。换句话说，生长了两年的叶子在一次修剪中被剪去所形成的压力就是植物衰弱的原因。

尤其是针叶树，如果在年末修剪时一次性剪去两年份的叶子，就会因叶量减少、无法越冬而衰弱下去。目前普遍的说法是，针叶树修剪后的叶量如果低于修剪前的 1/3，衰弱的风险就会增高，因此在修剪时请务必注意。

易生根的树种可以扦插繁殖，但应注意不要扦插专利品种。

修剪时可能会产生“剪下的枝条就这么扔掉太可惜了”“不能用来扦插繁殖吗”之类的想法。适宜进行扦插的时期是春季发芽前和梅雨季的新梢停止生长之后，**所以如果是在冬季结束时修剪落叶树或者在初夏修剪常绿树，是可以将剪下的枝条用于扦插繁殖的。**

不同树种扦插后生根的难易程度是不同的，一般来说，灌木类植物比乔木类植物更易生根。

特别是常绿杜鹃、瑞香、珍珠绣线菊、连翘等植物很容易生根。

扦插时，要把插穗长度调整为 10~15 厘米。如果在初夏扦插，则要留下 2~3 枚叶片，将根部的 1/3 插入装在花盆中的鹿沼土内。然后盖上塑料布，以维持土壤湿度。并将扦插的植物放置在避光的阴凉处，以免插穗萎蔫，直至插穗生根为止。塑料布要以架子等物支撑，以免接触到插穗。只要不时揭开塑料布给插穗浇水，维持好土壤的湿度即可。不同树种生根速度有快有慢，一般过 1~2 个月就会生根。也可以用经过加工的塑料瓶来代替塑料布。

如果只用一根枝条插穗，可能会出现没有生根或生根后枯死的情况，所以最好每个树种用多根枝条扦插。

生根之后，将扦插的植物移栽到育苗杯中，加以适当的管理。

在扦插之前，要先确认所要扦插的植物是否是注册了专利的品种。专利品种是禁止擅自繁殖的，要避免扦插这类植物。

扦插的方法（以常绿树为例：山茶花 6月下旬—7月中旬）

只要是底部开洞的容器就可以用于扦插，但都要注意保持水分，让土壤始终处于湿润状态。

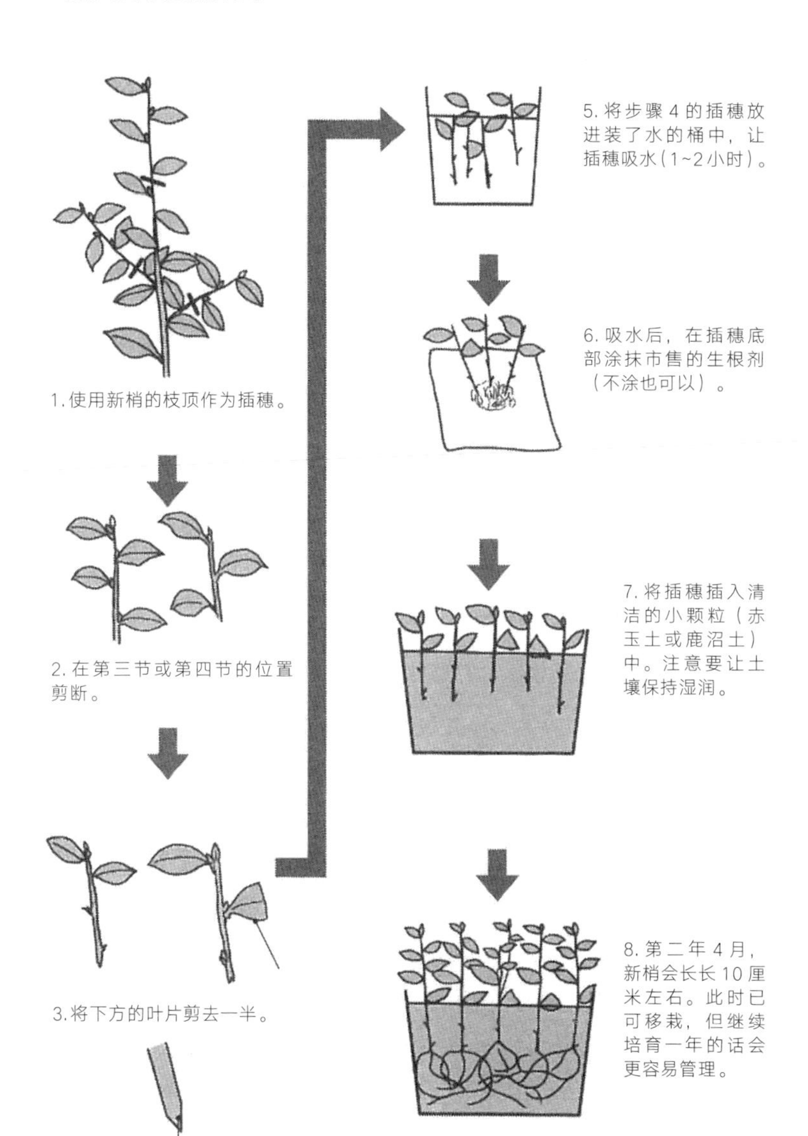

与树木的生长和环境（种植坑的深度、光照等）有关。

非垂枝树种或矮小植物却长不高的苗木，一般是受到了环境的制约。

上方的异常往往是因为根部存在问题，有可能是由于树木生长地区松软的土壤部分较浅，导致根系无法向下深入。这时，树木可能会自行判断能够承受强风的极限高度，或由于根系浅而面临干燥和缺水的压力，于是在能够违抗重力将水分输送到的最高处停止生长。

有些种在建筑旁边的树木会横向生长，以求改善环境，弱化来自建筑的干扰。这种情况下，即使剪去了横向生长的枝条，树木也不会长高，反而还会造成树木的衰弱，因此要特别注意。

培育植物时的要点

给予植物适宜的环境和护理很重要。

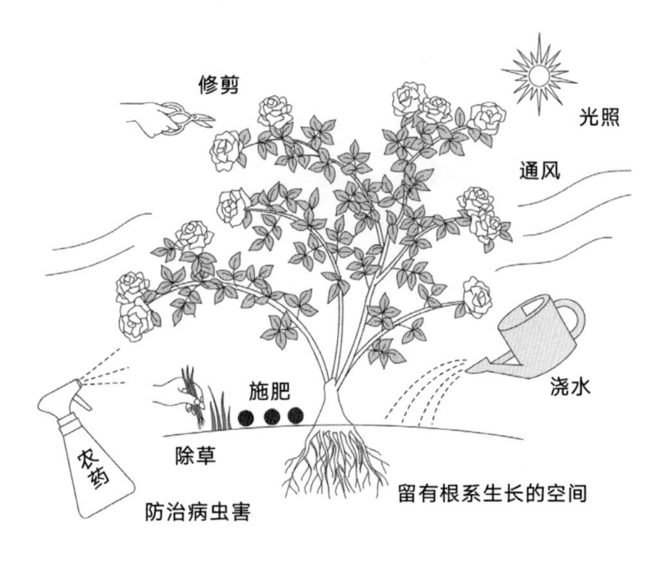

第四章
让树木变小的修剪窍门

如果单纯通过修剪让树木矮化，并不会使其变小。

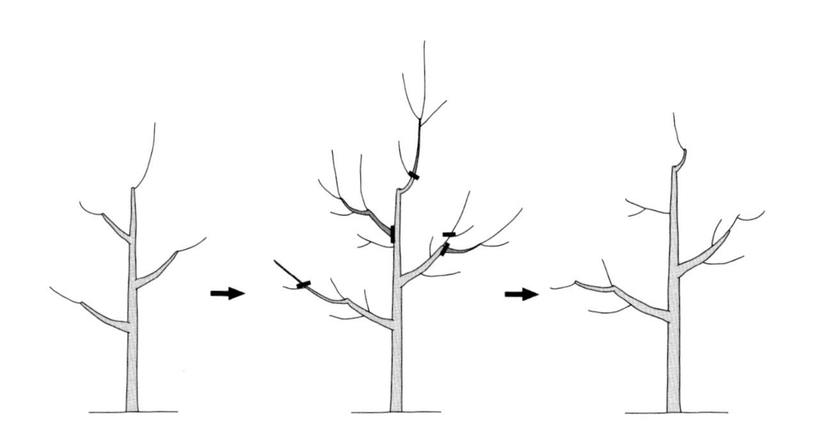

大幅修剪树枝降低树木的高度，会导致树木长出很多疯长枝。

庭院中的树木一旦长得过大，就会使空间产生压迫感，令人感觉沉重。在这种情况下，很容易让人产生**只是单纯地为了降低树木的高度而大幅剪去上半部树枝的冲动，然而这正是修剪失败的原因。**

一次性剪去大量的树枝（包括粗大的树枝），被称为强修剪。但如果为了缩小树木体积而进行强修剪，而大幅减少枝芽数量的话，会让根部的水分和养分集中在残留的枝芽上，使得粗壮树枝生长得更快。

这样一来，根部所汲取的水分、养分和吸收这些供给的枝芽数量之间的平衡就被大幅度破坏了，树枝的生长量是由这种“收支平衡”来决定的。也就是说，采取诸如大幅修剪树木上半部的强修剪法，反而会使树木长出很多疯长枝。这种现象被称为“树乱长”，会从残留的侧芽和长在树干表面上的枝芽尖端（不定芽）长出很多树枝，使树木慢慢恢复到原先的大小。

这是由于失去了大量的树梢，使得顺着顶芽流下来的植物激素急剧减少，抑制侧芽发芽的“刹车器”一旦被去除，侧芽就开始一发不可收拾地生长了。这也可称作是树木自身意识到紧急事态的一种反应。

像这样的强修剪，会让树木受到强烈刺激，反而会加速侧芽的成长，因此应该尽量避免这种情况的发生。

如果觉得树木太大了，最好的修剪方法是每年缩小一点。也有可能是树木本来就成长很快的树种，并不适合现在的种植环境。遇到这种情况时，应该让专业公司来处理，或是种植其他树种。

大幅修剪上部树枝的话，之后会长出很多疯长枝

自然树形的树木（光叶榉树）。

大幅修剪

强修剪后的样子。

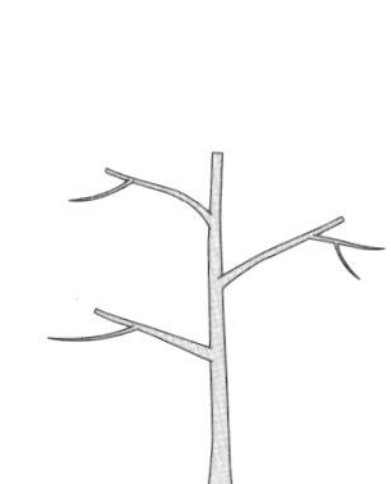

修剪后

大幅度修剪后的树形被完全破坏，从切口处长出了很多萌芽枝。

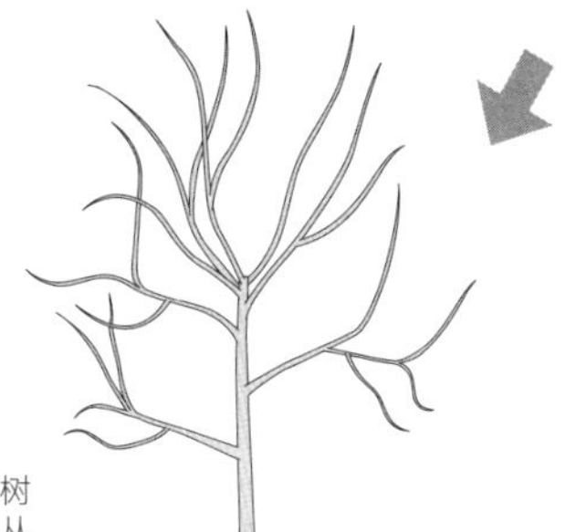

侧芽和不定芽生长迅速，树木开始乱长。

需要历经数年时间，并进行阶段性地切换树芯。

平时就对树木进行疏剪和树枝替换的话，就可以维持树冠的大小。但是，想进一步缩小树木大小的话，**应该避免给树木带来强烈刺激的强修剪，而是耐心地花上几年时间，阶段性地替换树芯，以慢慢缩小树木的高度。留下树芯，不改变树种的自然树形，能有效地抑制萌芽枝的产生。**

每年修剪的时候，应将沿着主干长出来的发芽枝（本来是不要的树枝）作为将来的候补芯留下。

另外，像光叶榉树这类明显没有芯的树种，应以缩小该树种的自然树形为目标，对树枝进行更新换代，以此降低树木的高度。留下两三年后能在枝梢发芽的部分，准备对树枝进行更新换代。

冬天的光叶榉树。

降低树木高度的修剪方法

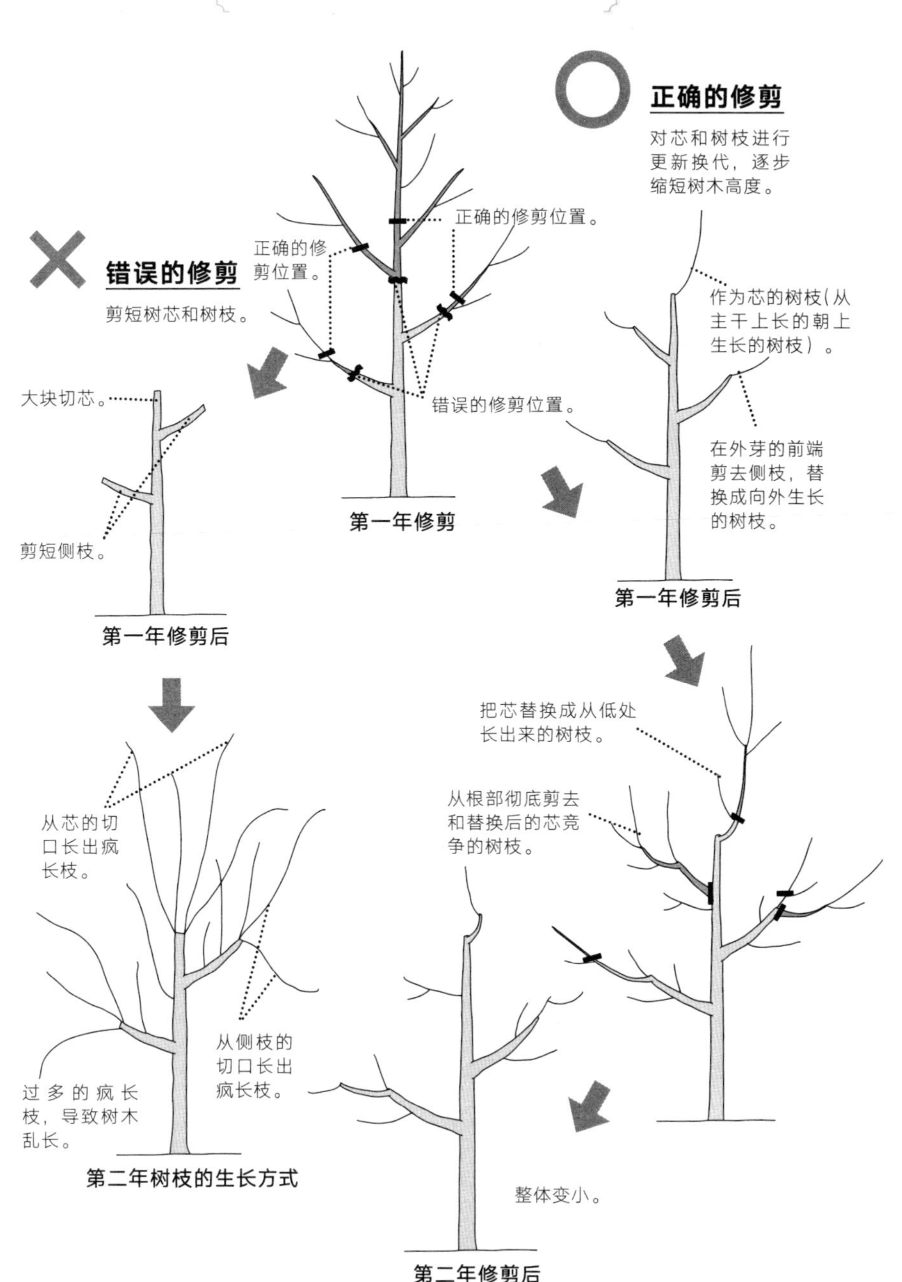

选择成长较慢的落叶树，借助梯子就能够到的树高便于管理。

很多人都喜欢能够制造出树荫的树木。在实际生活中，为了能在窗户或阳台上制造出树荫，就必须在建筑物的两旁种植树木。

为了确保夏天能有树荫，冬天能晒到阳光，最好种植落叶树。**如果选择夏椿、四照花等成长较缓慢的花木，应在用梯子就能够到的高度上进行管理，同时也能赏花。**

比起从一根根株上长出多根树枝的树形，树枝横生的单根树干（1 根树干）的树木更加容易制造出树荫。剪除下枝并扩散上部树枝的树形，就能充分利用树木下面的空间。

专栏

用梯子进行安全操作

为了方便管理庭院的树木，首先要知道能用梯子进行操作的高度。就算使用建材市场售卖的 12 段的园艺用梯子，手能够到的高度也不过 4~5 米。但是在高度很高的梯子上不容易操作，最好准备几个不同高度的梯子，这样能提高工作效率。

有三个支撑点的梯子。

盆栽植物和庭院植物的修剪方法是否相同？

基本上是相同的，但树木不太茂盛的话应注意不要修剪过度。

由于盆栽（容器栽培）限制了土量，导致根茎生长空间有限，控制了树木的生长状态，因此具有花朵生长较好的优点。但如果庭院种植限制土量，会因为树木生长状态不好而导致每年的树枝生长量不多。

盆栽植物的修剪并不像庭院种植的树木那样，需要剪除很多树枝，从根部剪去那些纠缠的树枝、横生得太长的树枝等一些不需要的树枝来拉开间隔、调整树形即可。若是上部的枝叶太过茂盛，树木很容易被风吹倒，因此修剪的时候要注意整体高度。以上部为中心，制造更多间隙让风吹过，注意营造庭院轻快的氛围。

盆栽植物修剪后的恢复力和庭院植物相比略逊一筹，应注意不能剪得太多，否则会因光合作用不够导致树枝枯死，使整棵树的树形崩塌。另外，要尽量避免在秋季修剪常绿树和针叶树。

胡颓子的大盆栽。

专栏

不同类型树木的修剪方法和时间

基本上是按照最适合修剪庭院树木的时期来修剪的，但庭院树木的姿态迥异，再加上有的人侧重树形，有的人则注重花朵数量等，因此根据不同要求可分为下列几种修剪类型。

【自然树形】

○落叶树

・注重树形：根据不同品种的树木的形态在冬季进行疏剪。

・注重花朵数量：花后修剪＋适当时期的疏剪来调整树形。

○常绿树

・注重树形：适当时期的修剪。

（用疏剪来展现树枝生长的姿态，调整树冠线。）

・注重花朵数量：花后修剪＋春季疏剪。

（寒冷地区可在春季进行修剪。）

○针叶树（松柏科类）

・按照自然形成的基本树形，在适当的时期进行修剪。

（大多数都能进行修剪，一小部分不可以。）

【人工树形】

○日式人工造型

・按照造型进行修剪。

（罗汉松等松类树种除外。）

○西式人工造型

・按照造型每年修剪多次。

○绿篱

・每年修剪 1~2 次。

（成长较快的树种每年需要修剪两次以上。）

第五章
更利于欣赏花和果的修剪窍门

你是注重树形还是注重花朵数量呢？
如果是注重花朵数量的话，就在开花后再进行修剪。

开花后要及时修剪，避免强修剪。

注重树形的话，在适当时期进行修剪即可，但若是注重花朵的话，就要在开花后进行修剪。也就是在开花之后、下一批花芽长出来之前的这段期间进行修剪。这样不但有利于整理树枝，而且能让每根树枝充分接受光照，有促进下一批花芽分化的效果。

花后修剪的要点为“开花后及时修剪”和“避免强修剪”。

除了木莲或四照花等花朵比树叶先发育的树种外，中乔木在花落后的枝叶比较茂盛，因此在开花后修剪一般会采用拉开混杂树枝间距和通风的弱修剪。一旦进行强修剪，会让疯长枝更加突出，即便到了花芽分化期也不会停止生长，从而导致花芽不能顺利长出。大部分落叶树的花后修剪时期和适合修剪的时期不一致，因此要注意不要剪除需要用锯子来剪除的粗大树枝。

最理想的修剪方法是，做好两手准备，用花后修剪来控制花朵的数量，再加上在没有花叶遮挡视野的冬季进行的能调整树形的修剪方法。

灌木类并不像中乔木那样树干粗大，因此基本上不用担心花后修剪时动用锯子会伤害到树木。

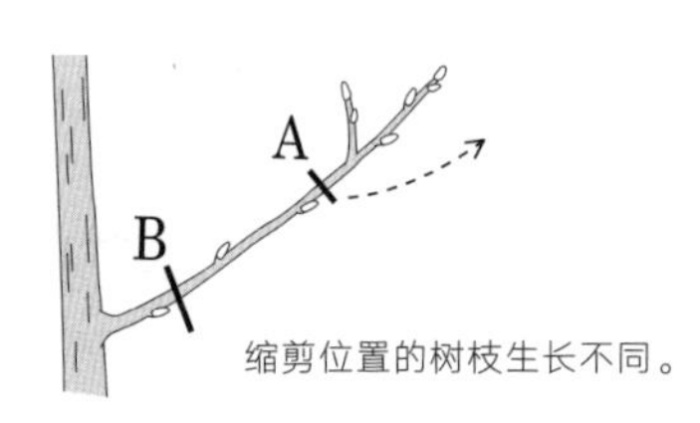

缩剪位置的树枝生长不同。

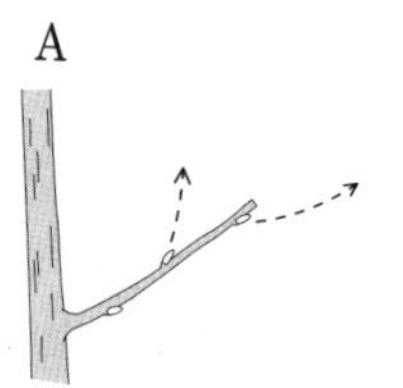

弱修剪能让树枝适度生长。

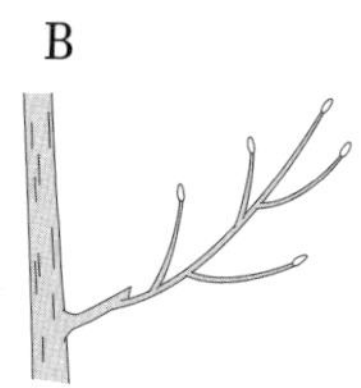

强修剪则会让树枝长得更长。

花木有多种修剪方法。

从花芽分化到花朵绽放大致可分为两种。前一年花芽分化，冬季过后长出的旧枝开花和花芽分化的当年就长出来的新枝开花。

大部分的落叶性花木都是旧枝开花的类型。3 月—5 月开花，7 月—8 月长出下一批花芽，因此在春天开花后应立刻进行花后修剪。

具有落叶性新枝开花的百日红或木槿，会在粗大的树枝上开出硕大的花朵。因此，若是注重花朵的话，可用缩剪让长势猛的树枝生长得更粗大。

常绿花木一年四季都有树叶，因此一般会采用修剪来进行管理。由于这类花木不耐寒，因此基本上会在春季进行修剪，同时疏剪内侧的混乱树枝，拉开间距以加强光照度。

对于不用剪除粗大树枝的灌木类，只做花后修剪即可。

A型 落叶中乔木（旧枝开花）

四照花、木莲等大多数落叶树→花后修剪＋冬季修剪（疏剪）。

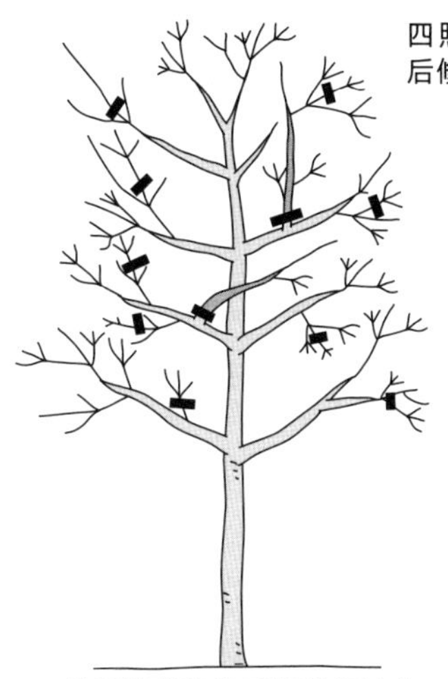

花后修剪和适合修剪时期的冬季修剪相结合。花后修剪能确保花芽，冬季修剪能保持树形并确保树木的健康生长。
花后修剪能整理细枝和混乱部分，使树木内侧更透光，花朵更易生长，但要注意花后修剪不能剪除粗大树枝。
冬季修剪要避免过度减少花朵数量，要保持整体平衡并进行疏剪。

花后修剪和冬季修剪相结合。

B型 落叶中乔木（新枝开花）

百日红、木槿等→冬季修剪（可缩剪）。

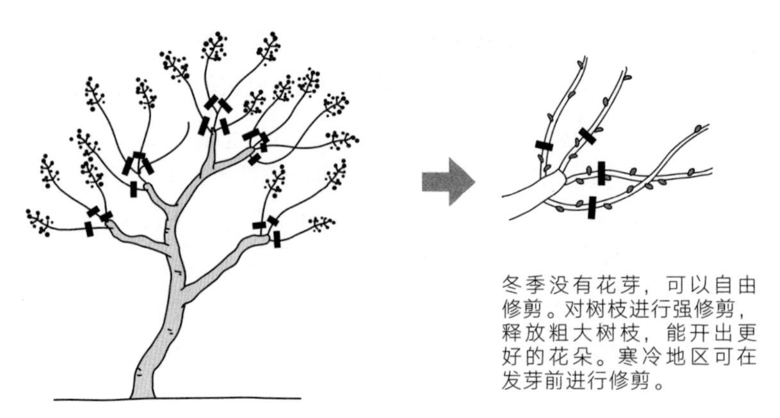

冬季没有花芽，可以自由修剪。对树枝进行强修剪，释放粗大树枝，能开出更好的花朵。寒冷地区可在发芽前进行修剪。

保留 2~3 节，其余全部剪除，确保长势猛的树枝能更好地生长。

C型 常绿中乔木

金木樨、山茶花、山茶等→开花后修剪（但是要避开冬季）。

花从春天开到夏天的树种，应在开花后进行修剪。秋天开花的树种则要在春季发芽之前进行修剪。想要在正月前装饰庭院的话，在秋天就要进行修剪，并应采用弱修剪的方法。不适合修剪的树种要在开花后进行疏剪。

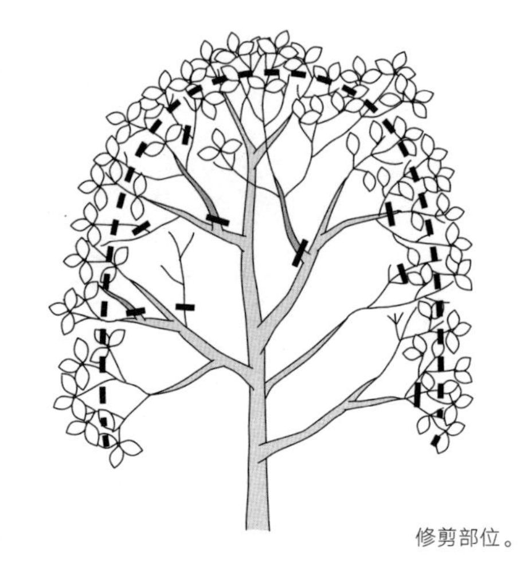

在修剪时，在树木内侧深处修剪粗大树枝，加强光照度，可让花开得更好。

修剪部位。

D型 放射形灌木类（落叶型・常绿型）

八仙花、胡枝子、马醉木等→花后修剪（旧枝间拔＋缩剪）。

放射形灌木，不管是落叶型还是常绿型，都不用剪除粗大树枝，因此只需要进行花后修剪。旧枝要从根部修剪。新枝开花的胡枝子等则要采用缩剪的方法来充实树枝，以便更好地开花。

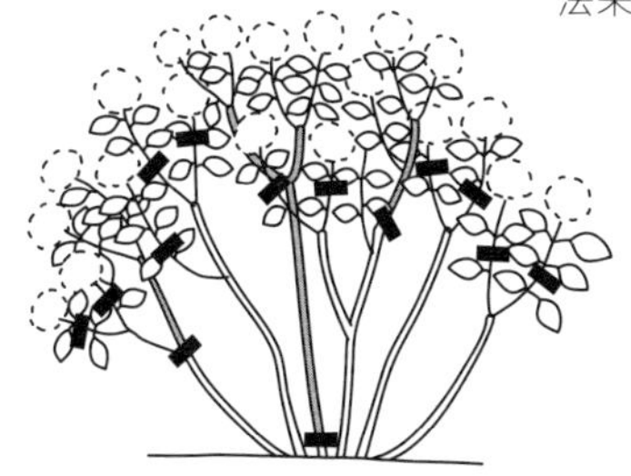

八仙花等（旧枝开花）。

开花后立刻剪除距离花朵 2~3 节以下的部分。旧枝要从根部剪除，以便长出新枝。

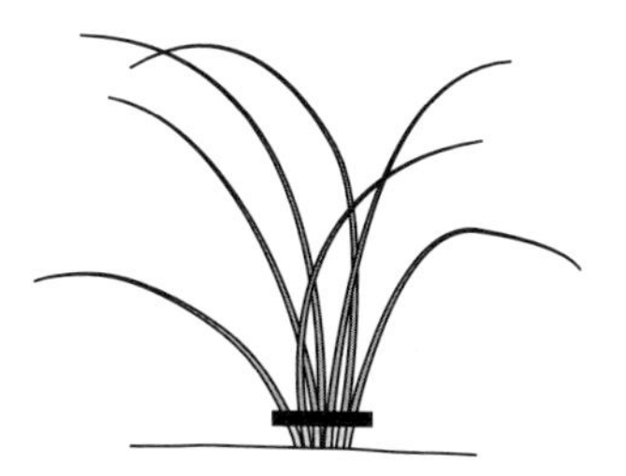

胡枝子等（新枝开花）。

在没有花芽的冬季，在离地面 10 厘米左右的地方开始修剪。

E型 球形（落叶型・常绿型）

杜鹃类、六道木等→花后修剪（修剪）。

在花芽形成前，用修剪来造型的同时确保花朵数量。到了秋天就会长出新枝，届时只要将其剪除即可。

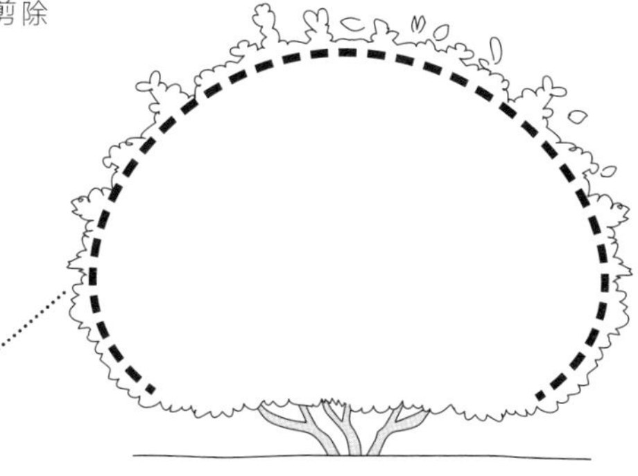

开花后立刻对整体进行修剪。尤其是顶部要修剪得多一些。

花木修剪类型一览表

<table>
<tr><th colspan="2">修剪类型</th><th>树种</th></tr>
<tr><td rowspan="2">落叶乔木</td><td>A 型
旧枝开花</td><td>梅树（2 月开花、7 月花芽分化）、野茉莉（5 月—6 月开花、8 月花芽分化）、蝴蝶戏珠花（4 月—5 月开花、7 月花芽分化）、樱树（3 月—4 月开花、7 月—8 月花芽分化）、山茱萸（3 月开花、6 月—7 月花芽分化）、黄栌（5 月开花、7 月花芽分化）、蜡瓣花（3 月开花、7 月花芽分化）、夏椿（6 月开花、8 月花芽分化）、紫荆（4 月开花、7 月花芽分化）、四照花山茱萸（4 月开花、7 月花芽分化）、桃树（3 月—4 月开花、7 月花芽分化）、紫茎（6 月—7 月开花、8 月花芽分化）、紫藤（4 月—5 月开花、7 月花芽分化）、木瓜（3 月—4 月开花、8 月花芽分化）、木莲类（3 月—4 月开花、6 月花芽分化）、四照花（5 月—6 月开花、7 月—8 月花芽分化）、紫丁香花（4 月—5 月开花、7 月—8 月花芽分化）</td></tr>
<tr><td>B 型
新枝开花</td><td>百日红（6 月—8 月花芽分化、7 月—9 月开花）、紫葳（6 月花芽分化、7 月—8 月开花）、木槿（6 月—9 月花芽分化、7 月—9 月开花）</td></tr>
<tr><td colspan="2">C 型
常绿乔木</td><td>旧枝开花：贝利氏相思树（3 月开花、8 月花芽分化）、山茶（3 月开花、7 月花芽分化）、檵木（5 月开花、8 月花芽分化）
新枝开花：夹竹桃（5 月—6 月花芽分化、7 月—9 月开花）、金木樨（8 月花芽分化、9 月—10 月开花）、山茶花（7 月花芽分化、10 月—12 月开花）</td></tr>
<tr><td colspan="2">D 型
放射形灌木类
落叶型・常绿型</td><td>旧枝开花：八仙花（6 月—7 月开花、9 月—10 月花芽分化）、西洋山梅花（5 月—6 月开花、7 月—8 月花芽分化）、水晶花（5 月开花、8 月花芽分化）、金雀花（4 月开花、8 月花芽分化）、栀子（6 月—7 月开花、8 月—9 月花芽分化）、麻叶绣线菊（4 月—5 月开花、9 月花芽分化）、南天竹（5 月—6 月开花、7 月—8 月花芽分化、11 月—12 月结果）、乌饭树（5 月—6 月开花、7 月—9 月结果、8 月—9 月上旬花芽分化）、牡丹（4 月—5 月开花、8 月花芽分化）、黄瑞香（3 月—4 月开花、7 月花芽分化）、蜂斗叶（4 月开花、7 月—8 月花芽分化）、珍珠绣线菊（4 月开花、9 月花芽分化）、连翘（3 月—4 月开花、7 月花芽分化）、蜡梅（1 月—2 月开花、6 月花芽分化）
新枝开花：乔木绣球“安娜贝儿”（5 月—6 月花芽分化、6 月—7 月开花）、日本紫珠（6 月花芽分化、8 月开花、9 月—10 月结果）、胡枝子（5 月—7 月花芽分化、7 月—9 月开花）、醉鱼草属（7 月—9 月花芽分化、7 月—9 月开花）</td></tr>
<tr><td colspan="2">E 型
球形
落叶型・常绿型</td><td>旧枝开花：杜鹃（5 月开花、7 月花芽分化）、瑞香（3 月开花、7 月花芽分化）、满天星（4 月开花、7 月花芽分化）
新枝开花：六道木（5 月—9 月花芽分化、6 月—10 月开花）</td></tr>
</table>

旧枝开花和新枝开花的生命周期

旧枝开花 例如：四照花

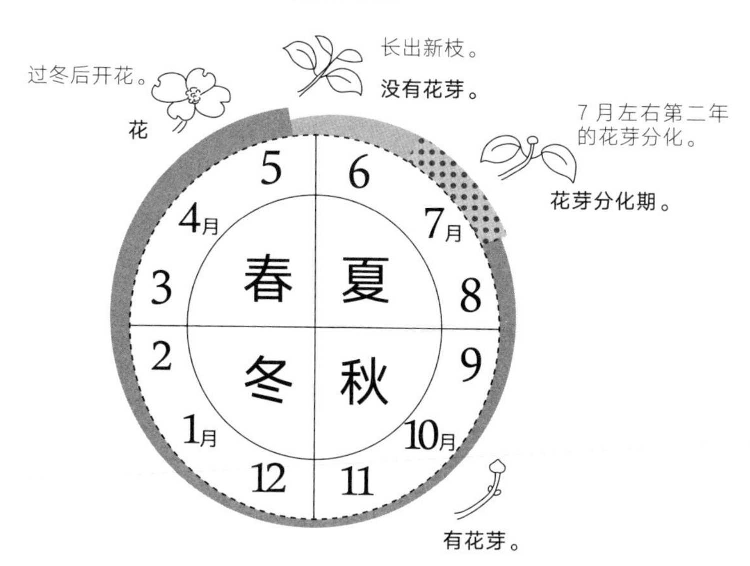

新枝开花 例如：金木樨

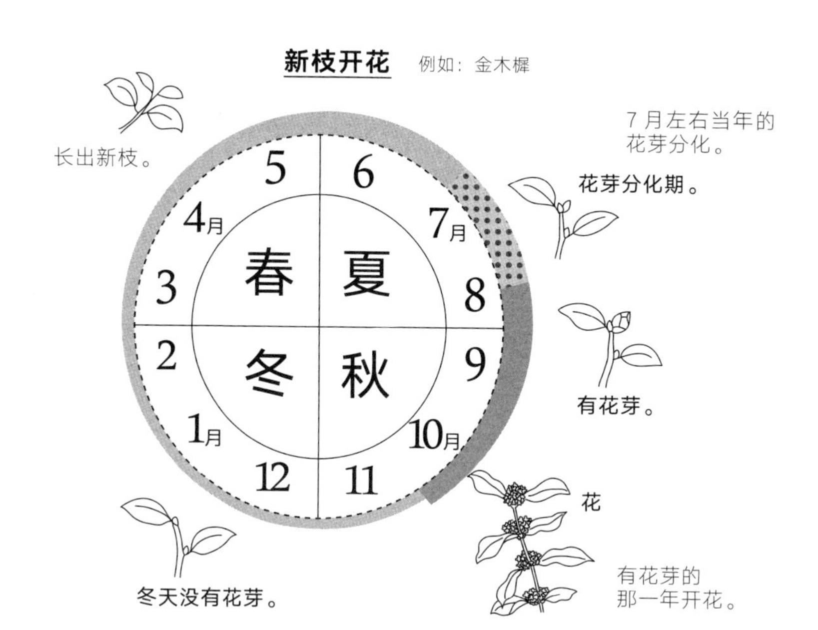

不同树种萌发花芽的方式是不同的吗？

有的长在枝头，有的从树枝中部开始长满枝头，除此之外还有很多种生长方式。

树种不同，花芽的生长方式也不尽相同，因此要想让树木开花，必须先了解花芽的生长方式，然后再进行修剪，不然就无法随心所欲地让它开花了。

在适合修剪的冬季，可以在大部分落叶树上看到成长后的花芽。花芽的生长方式可细分为 6 种以上，**但能进行的修剪方式只有 4 种。**

确认花芽，并尽可能少作修剪的方式可以采用类型①。类型②和③要做到这一点可能很难。

就算不能留下所有的花芽，**只要用花后修剪的方式增强透光度增加花芽，之后再进行疏剪，就能让一定数量的花朵绽放了，这是比较容易实现的方法。**

花芽生长的四种类型

修剪时必须考虑的花芽生长的类型。

类型①

长在短枝上

梅树、桃树、紫藤、焦木等。

从今年长出来的树枝的叶腋上会长出花芽。大部分长在短枝上，长枝上基本上不会有花芽。

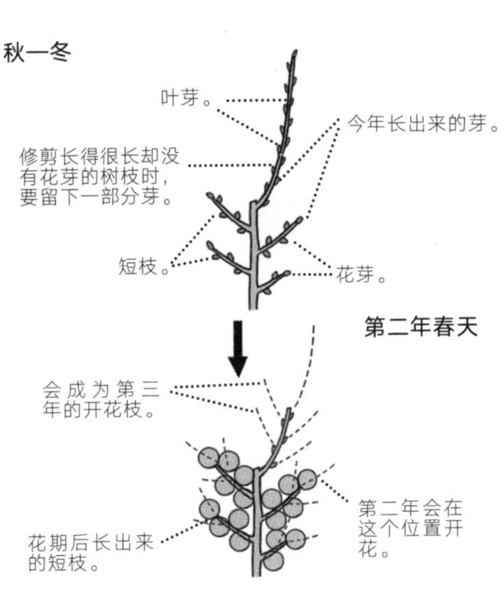

类型②

长在树枝前端

木莲、椿、山茶花、紫丁香花等。

今年长出来的、树枝顶芽上长出花芽的类型共有两种，一种是像木莲等，会在短枝顶部长出花芽的树种。另一种是像紫丁香花那样，在长枝顶部长出花芽的树种。

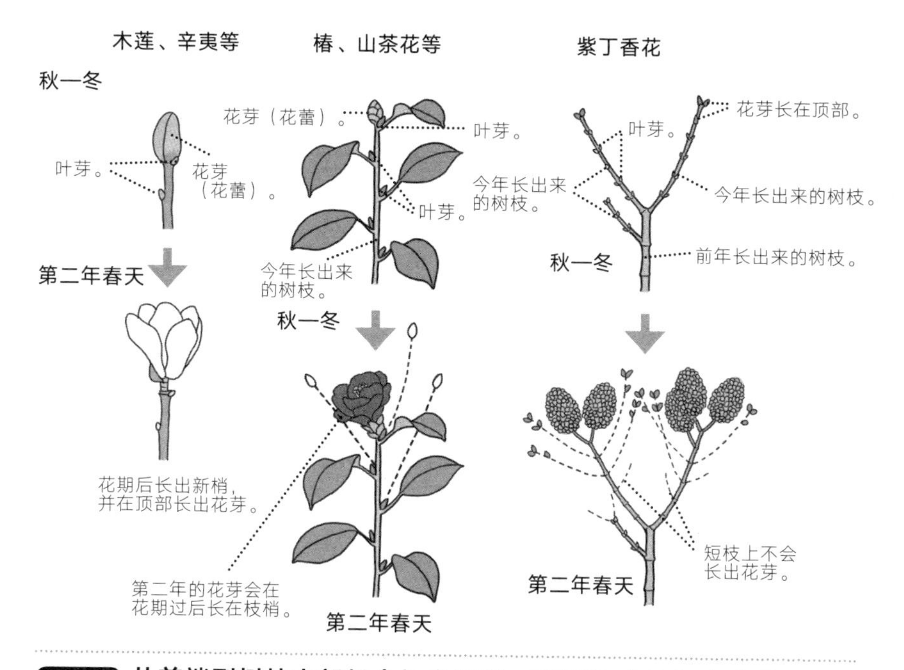

类型③

从前端到树枝中部都会长出花芽

连翘、珍珠绣线菊、麻叶绣线菊等。

第一年长出来的、从前端到中部会长出很多花芽的树枝，在第二年花期过后，会在从枝梢开始分散生长的树枝上长出花芽。

类型④

冬天没有花芽

木槿、六道木、胡枝子、树丛型的蔷薇等。

花朵会长在冬天没有花芽且很充实的树枝所长出来的新梢上。

树丛型的蔷薇会在新梢的枝头长出花朵，六道木、胡枝子、木槿等则会在新梢的叶腋处开花。

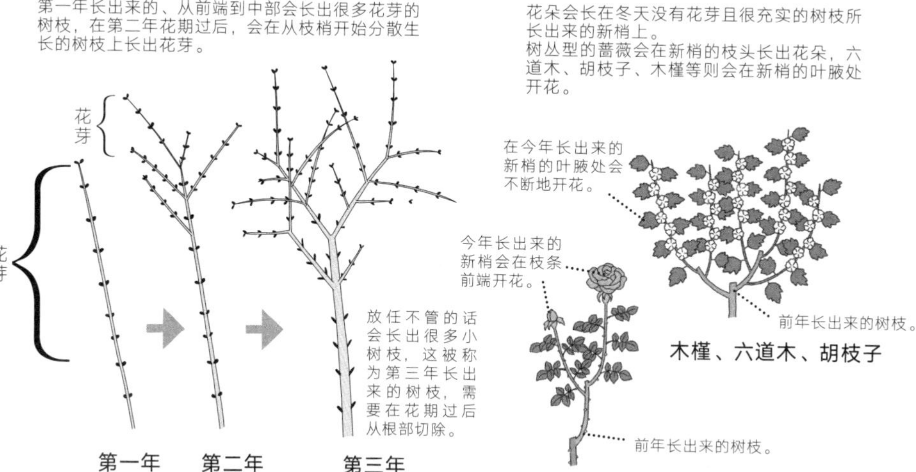

如果早点剪除的话，有的树种是可以在一年中开花两次以上的。

如果自己喜爱的花能在一年中开好几次，肯定是件很令人兴奋的事情。

乔木绣球“安娜贝尔”、六道木（大花六道木）等新枝开花的树种在相对较短的期间内能充实新枝、分化花芽，只要早点进行缩剪，在当年是有可能第二次开花的。树丛型的蔷薇也是新枝开花，一年之中开花数次也是可能的。

要让新枝开花型的花木再度开花的要点是，“在花谢之前切除”和“弱修剪”。在一部分树枝上进行缩剪的话，这部分花朵就会在其他花朵凋谢之前开放，这样一来就能延长赏花的时间。但是一旦修剪得太晚或者进行强修剪的话，就会抑制不住树枝的生长，可能到冬天都不开花。

另外，气温下降的话就无法进行花芽分化，因此在夏季短暂的寒冷地区的树木也许很难二次开花。

安娜贝尔和粉红色的安娜贝尔

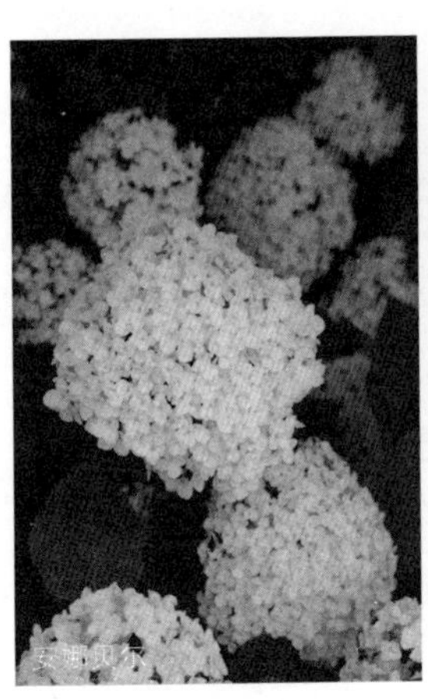
安娜贝尔

粉红色的安娜贝尔

如种植拥有二次开花性质的树种，及时修剪即可在同一年再次享受赏花的乐趣。

专栏

有些树木为何反季节开花？

通常夏天培育的花蕾即便是在秋天也有可能不会开花。这是由于被一种叫做脱落酸的休眠荷尔蒙抑制了花蕾开花，使其在第二年春天之前都不会开花。花是植物的“生殖器官”，但大多数的树种从开花到结果都需要花费大量时间，因此如果在秋天开花的话，到冬天为止的短期间内无法“繁衍子嗣”（播种）。脱落酸是由树叶分泌的，所以在树叶青葱茂密的时候是不会开花的。但如果有虫子蚕食大部分树叶，或因酷暑和极端干燥的气候而引起异常落叶的话，脱落酸就起不了抑制作用了，这时一旦遇到温暖的气候就会开花。

怒放的樱花。

应在花谢后的15~30天内修剪，如果太晚的话，第二年就不会开花了。

所谓的花后修剪是指花谢后多久的期间呢？**树种不同，修剪时间也有所不同，但一般在花谢后的一段时间中，新梢就开始生长了。从花谢后到新梢开始生长的这段期间就叫做花期过后。**

开花结束后，越早进行花后修剪越好。这是因为修剪后新梢停止生长，处于充实期间，需要充足的时间来迎接花芽分化期。

如果没有及时进行花后修剪，即便到了花芽分化期，新梢也会继续生长，就算新梢停止生长，树枝也充实不起来，从而导致长不出花芽。如果错过了良机就不要勉强进行花后修剪了。

错过花后修剪的良机会导致树木不开花

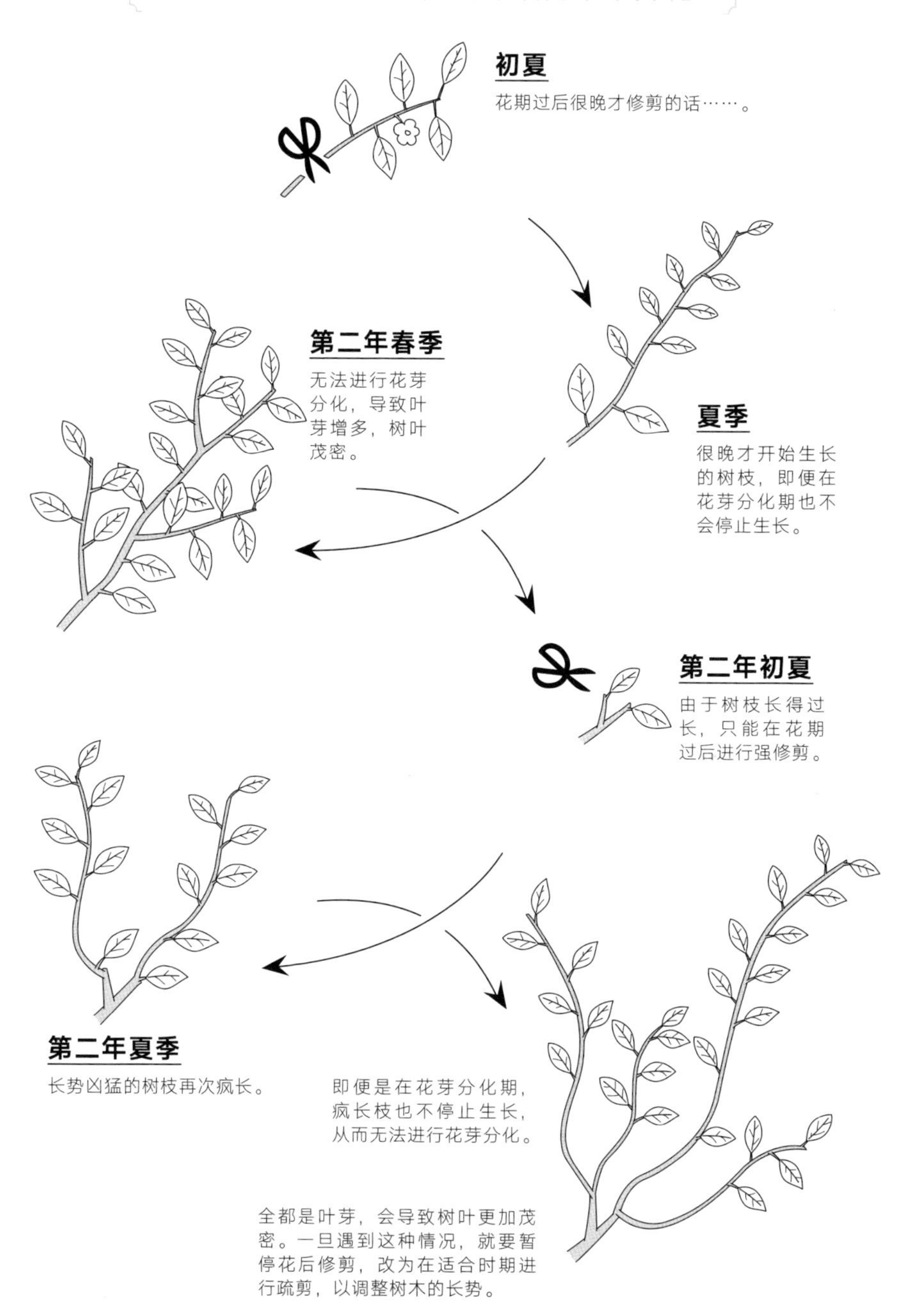

一旦八仙花的装饰花翻卷了，就是花期结束的信号。

额紫阳花是一种很难判断花期何时结束的植物。大家认为是花的部分其实是装饰花，但由于装饰花是不凋谢的，所以很难判断花期什么时候结束。

据说它真正的花（两性花）是聚集在中央的颗粒状物体，而装饰花是为了蒙骗授粉的昆虫而存在的。八仙花虽然没有花瓣，但有雄蕊和雌蕊，授粉结束后会纷纷凋落。如果能确认这一点的话就能判断花期结束的时间了。除此之外，**装饰花褪色、翻卷，就是花期结束的信号。**因为授粉之后就不需要再用装饰花蒙骗昆虫了。

一旦发现这种信号，应立刻进行花后修剪。剪下来的树枝可以倒挂，做成干花。

花期结束的八仙花

装饰花褪色、翻卷，就是花期结束的信号。

装饰花。

有没有能够分辨旧枝开花和新枝开花的方法？

在花期内，能推测是旧枝开花还是新枝开花。

当满足了湿度、光照和树枝的充实度等所有要素时，花芽就开始分化。按照日本的气候来说，大部分树种的花芽分化是在初夏的 7 月左右。7 月左右分化的花芽，如果是旧枝开花的树种，能长到秋天，在第二年的春天（大部分的树种是在 2 月—6 月）开花。而新枝开花的树种，7 月左右分化的花芽会在当年的 7 月—12 月开花（不过冬）。

所以，可以从开花期来类推，**春季 2 月—6 月开花的是旧枝，7 月—11 月开花的是新枝，可以大致这样分辨。**

旧枝开花和新枝开花不只是时间不同，开花的方式也有稍许不同。

旧枝开花的树种，其充分生长后的花芽在具备温度等适合开花的条件下就会全部绽放，并会在短时间内结束开花，因此有观赏价值。但是花芽分化的条件少，一旦剪除了分化后的花芽，到下一次开花前，会有一年多的空白期。所以，会有很多人来咨询，“为什么不开花”。

百日红和木槿等树种，花芽分化的时间比较长，花芽一次次分化并持续开花。此外还有“二季开花”和“四季开花”的树种，花芽分化的条件多，一年之中会进行多次花芽分化并开花。当然，所谓的四季开花是比喻植物在一年中能开花多次且持续时间长，而在冬天，花芽是肯定不会开花的，请不要误会。

如果出现隔年结果的现象，那么强修剪也会成为隔年结果的原因。

果实收获量的多少每年都不相同，这叫做隔年结果。这在果树栽培上是个很大的问题（比较有名的就是温州橘子等品种）。但在花木中，只有能结出硕大果实的树木才会出现隔年结果的现象。

只有由于由季高温和干燥等因素引起树木的花芽增多，结出的果实要比往年多的情况下，才会隔年结果。其原因可能是受到植物荷尔蒙——赤霉素的影响。

赤霉素是用于培育无籽葡萄的，有促进生长和发芽的功效，应该有很多人都听说过它。

赤霉素多出现于发育中的果实或未成熟的种子中。如果结出很多果实的话，赤霉素就会扩散到芽和树枝上，等第二年，由于受赤霉素的影响，植物营养过剩，生长也就茂盛了，导致叶芽的比例增多，花芽就会相对减少了。

这样一来，第二年花的数量就会减少，而从果实中生成的赤霉素也会减少，到了下一年花芽增多，又会生成大量的赤霉素……就像跷跷板一样，翻来覆去地增减。

为了抑制植物隔年结果的现象，并让其开出一定数量的花，最为有效的方法是，在开花很多的那一年摘除花朵。如果植物开了很多花，为了不让它结果，应在花谢之后立刻连同花柄一起摘除。

多次缩剪，或隔年进行强修剪，会使叶芽增多，引起隔年结果，因此要尽量避免这类修剪。

树木在虚弱的时候开很多花，有可能是“高压丰收”的现象。

花是用来繁衍子嗣的器官，树木为了将自己的生命延续到下一代，利其自身的组织构造是最有效的。新生长的树木会专心壮大自身，当长到足够大之后就会开始长花芽。开花、结果会消耗大量的养分，因此树枝中必须储蓄足够的碳水化合物，否则就无法进行花芽分化，这也是高效繁衍子孙的构造之一。

但是这种平衡一旦被打破，就会发生大量的花芽分化的现象。**比如不开花的衰弱樱树突然在某一年开出了大量的花。**这时易被认为，“既然开出了大量的花朵，树木就应该是很健康的”，但这也许是“高压丰收”现象，是奄奄一息的树木为了留下子孙，而消耗体内最后的养分开出大量的花朵。**如果因高压丰收而大量结果的话，在这之后树木就会枯死。**

高压丰收产生的原因是，环境恶化等因素导致新梢长得少，树枝充实相对过早容易长出花芽。在生产专供园艺专卖店的四照花等品种时，可以利用这种性质。由于要在小花盆里培育四照花，因此会给四照花苗一定压力，让它们在还未成熟时就长出花芽。

当庭院树木开出很多花的时候，如果有相应数量的繁茂树叶的话没有什么问题，但如果树叶很少，新梢也很少的话，就有可能会出现高压丰收的现象。一旦结果，树木就会更衰弱，因此应连同花柄一起摘除。暂时停止修剪，干燥的时候多浇水和施冬肥，并尝试采取花期过后的追肥等改善环境的措施，以此来恢复树枝的生长。

不必进行花后修剪，只要在收获果实之后的适合时期进行修剪即可。

诸如蓝莓、苹果、柑橘类等能收获果实的果树和南天竹、日本紫珠等观果型花木，结果是培育它们的目的，因此不必进行花后修剪。

落叶树的果实基本上要到秋天才会成熟，可在冬天修剪。柑橘类的果实会在冬天成熟，但由于属于常绿树，因此会在收获后的春天进行修剪。南天竹也是在冬天观赏结束后在春天才进行修剪。作为新年的装饰，可对结果的树枝进行适当修剪，这样即便在冬天进行修剪也没问题。

柑橘类、柿子、葡萄、无花果、琵琶等果树和南天竹等观赏型花木，今年结果的树枝上很难再长出明年的花芽，因此要剪除结过果实的树枝，保证树枝之间的空隙。

结果型例子

南天竹的花（上图）和果实（下图）。

加拿大唐棣的果实（上图）和种植了加拿大唐棣的庭院。

花木不开花的原因和解决方法是什么？

也许是光照不足、强修剪或极度干燥等原因造成的。

在与园艺有关的咨询中，对于“不开花”的咨询是最多的。其原因可能有多种。

首先，**因为挡光等原因导致日照不足，那么花木就不会长花芽。**另外，树木还没成熟到能够开花的程度，或是在追肥后树枝生长过长的情况下也无法长出花芽。此外，在极度高温和土壤干燥的情况下，树木会优先维持自身生存所必需的水分而让花芽枯萎或凋谢，这样也不会开花。

如果是修剪的原因，重复进行强修剪会让不长花芽的疯长枝长得过多。

花芽分化期过后进行修剪，并剪除花芽，也会导致树木不开花。如果不采取对杜鹃花类的球形花木进行整个表面的修剪，或将树梢全部缩剪等粗暴的修剪方式，就算剪除所有的花芽，也不会出现完全不开花的情况。

如果以疏剪为基础的话，只进行落叶期的修剪也应该会开出一定数量的花的。进行花期过后的修剪或花芽形成后的疏剪，就能解决不开花的问题。

此外，如果是因为周围环境导致不开花，可在确定原因后再尝试改善。如果是光照不足的原因，就将植物移植到阳光充足的地方。如果是追肥的原因，就只施冬肥。如果是土壤干燥的原因，就在夏季多浇水，或者用含树皮碎屑的土壤覆盖地面进行保湿。

专栏

恶劣环境下树木不生长了，是否还需要修剪？

如果好多年不换盆使得树木根部土壤结块的话，树的长势就会一落千丈，树木会变得几乎不再生长。这种状态下，是否可以不进行修剪，只进行低维护？

新梢不再生长的话，树木的长势就会一落千丈，树叶的数量也会减少。没有光合作用，会导致树木抵抗力下降、虫害增加。由光合作用形成的碳水化合物的供给也没有了，形成不了越冬芽，树枝在冬季枯萎的概率增加，最终导致整棵树都会枯死。改善环境以维持树木的健康，然后再用修剪来控制树叶的数量，才是根本的解决办法。

如果要在小容器里长时间栽培植物的话，要经常将土里的旧根剪除，每隔 1~2 年进行一次，这样可以让树木维持健康。

让扭曲的老鸦柿结果的盆栽。在小容器里栽培植物需要一定的技术和适当的管理。

第六章
常绿树、绿篱、人工造型树的修剪诀窍

庭院中不可或缺的常绿树、绿篱、人工造型树的修剪也是有诀窍的。

只修剪是不够的。为了保证透光性，再剪除一段吧。

一年四季树叶都不凋落的常绿阔叶树的修剪一般采用整顿树冠线的做法。如果只进行修剪，树枝会混乱纠缠，使内侧的树叶枯萎。这样一来就无法修剪没有树叶的地方了，如果修剪不到位，树木每年都会膨胀，树形会变得越来越大。

为了不让内侧的树叶枯萎，要拉开纠缠在一起的树枝和废弃树枝，顺着树冠线进入内侧，在树枝的分叉处对纠缠在一起的树枝进行疏剪。

乍一看，树冠表面被修剪得很整齐，但仔细看时，树枝之间是有空隙的，阳光从空缺处射入，确保了内侧树叶的生长，每年可以沿着相同的线条进行修剪。

常绿树中像光蜡树等树枝间距很大的品种，不需要将表面修剪平整，改用疏剪就能轻松修整树形。

常绿树的内侧要透光

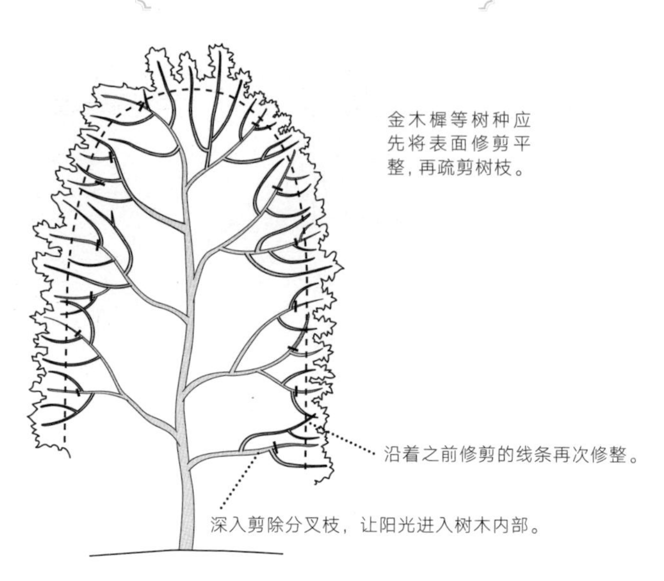

保持绿篱漂亮、整齐的窍门是什么？

为了不让绿篱长得太厚，成长较快的树种需要一年修整两次以上。

绿篱是为了隔开植物区间而培育出来的人工树形，修剪越多长得越茂密、越漂亮。而维持绿篱的薄厚程度也有诀窍。

但是像光叶石楠或青栲等树种，其新梢能在一年之内长到连割草剪刀或电推子都剪不动的硬度。一年只修剪一次的话，就回不到最初修剪的造型了，因此绿篱会逐年生长，越长越厚、越长越膨胀。长厚的绿篱不仅占地方，而且内部通风状况也会变差，内部的树枝会枯萎，要再让它回到稀薄状态是很困难的。

为了不让这种情况发生，**对于成长较快的树种一年要修剪两次以上。粗大的树枝应用修剪剪刀剪除，同时要保持前年修剪的造型，让绿篱不要长得太厚。**

绿篱的修剪

长得很茂密的绿篱。

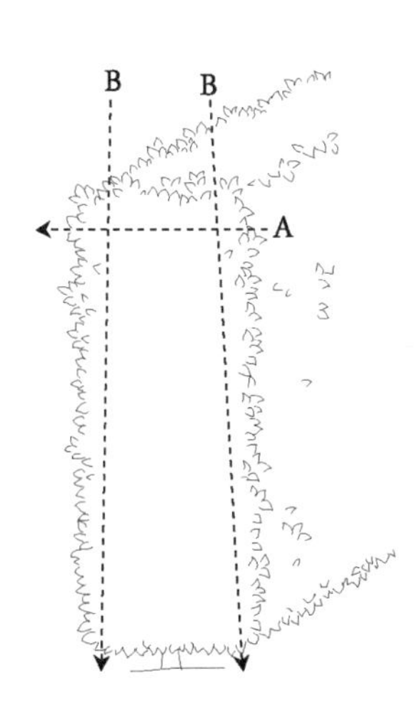

A. 先推剪绿篱的上面。
B. 然后从上至下推剪侧面。断面剪成梯形的形状。绿篱上部很容易生长，因此要进行强修剪。

专栏

树枝一年内会长几次？

新梢的生长时期不一定是从春天到秋天，在日本，大部分树种一年四季都会处于生长后停止、停止后再生长的循环过程中。成长较快的树种会分别在春天、初夏和秋天各生长一次。寒冷地区或某些树种会有春天和初夏各生长一次的可能。成长较慢的树种只在春天生长一次。

此外，树枝粗大的时期，主要为夏天到秋天。春天，新梢为了生长会使用大部分养分，不会长得太粗。到了夏天和秋天，树枝停止生长，光合作用制造的碳水化合物就会被储存，树枝会长得很粗。树枝或树干会成为养分的容器。落叶树就这样储存碳水化合物来为冬天做准备。

修剪方法不同，绿篱的变化也会不同（从断面角度来看绿篱的图）

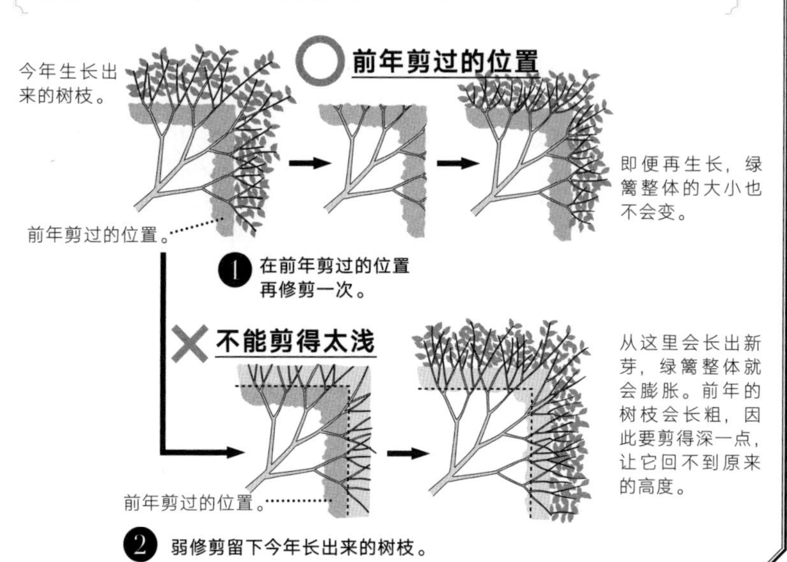

成长较快的树种容易长高。应从比目标高度稍微低一点的地方开始修剪。

绿篱使用了萌芽性很好的树种。**不同种类的树木成长速度也不同，选择树种时必须考虑到绿篱的高度和质感，以及维护管理的时间。**

原本高大的树种成长较快，很容易就长成2~3米的高度。特别是一年成长量很大的树种，能很快达到目标高度，但为了维持这个高度需要每年修剪2~3次，之后的管理也非常费工夫。为了把高大的树种培养成低绿篱，需要增加修剪的次数，不然无法维持理想高度，因此不推荐这种树。

相反，成长较慢的树种容易长到1~1.5米的高度。要长到目标高度需要花费一定时间，但之后每年修剪一次就能维持这个高度了。要让生长较慢的树种长成高绿篱的话，需要很长时间。

开始修剪绿篱的目标高度

目标高度。

在目标高度以下10厘米的地方开始修剪，让树枝分叉。

10厘米

完成后的绿篱草图。

树枝之间的间距，成长较快的树种为0.6~1.0米，成长较慢的树种为0.3~0.5米。

为了让绿篱长得薄一点，应剪除横向长出来的树枝。

成长较早、容易长高的树木

匍地龙柏、金木樨、青栲、光叶石楠、盆栽红叶石楠、欧卫茅、红花檵木、兰地树等。

匍地龙柏
不管日式庭院还是欧式庭院都很适合栽种，能成长为比较自然的形态。

金木樨
气味芳香，可按照前年修剪的形状再修剪。

青栲
成长较快，每年修剪两次比较好。

光叶石楠和盆栽红叶石楠
成长非常快，每年至少要修剪两次。

欧卫茅
遮蔽效果好，是非常美观的绿篱常绿树。

红花檵木
树枝垂挂，可以竖立支柱将其培育成绿篱。

生长较慢的低绿篱的树木

大花六道木、小叶山茶、冬青、山茶花、杜鹃花、锦熟黄杨、木槿、刺叶桂花等。

大花六道木
萌芽性好，开花时间长。

小叶山茶
横向扩散生长，12 月一次年 2 月是赏花期。

冬青
在黄杨之中属于叶子较小的品种，新芽是金黄色的。

半常绿广叶树
香味很好，花期较长，能经受住大幅度修剪和大气污染。

山茶花
萌芽性较强，主要在春季修剪。

杜鹃花
虽然是落叶树，但萌芽性较好，能长成茂密的绿篱。

有的品种可以进行大幅度修剪，有的则不可以。

日式造型树木，根据树种不同分为可以大幅度修剪和不可以大幅度修剪两种。

可以大幅度修剪的树种有紫衫、沉香木、金木樨、山茶花、日本扁柏、黄杨类、椿、细叶冬青等，不可以进行大幅度修剪的有金松、松树类（赤松、黑松、日本白松）等。

松树类树种由于萌芽性差、需要日照，在大幅度修剪时，没有芽的树枝会干枯，长出芽的树枝也会因为大幅度修剪而长得混乱，这样一来，在光照不足的情况下，下边的叶子就会开始干枯。这类树种需要用剪刀对树枝一根一根地进行缩剪和疏剪。这种修剪需要具备一定的经验和知识，因此最好请专家来修剪，如果是自己动手的话，需要在详细学习修剪方法之后再动手。

可以进行大幅度修剪的树种可以通过修剪恢复本来的形状或轮廓。

散落球体栽培是把修剪成球形的植物一个个平铺，水平方向稍微靠外侧倾斜修剪，会使球体看起来很自然。从最上部的球体开始修剪，比较容易把握整体平衡，剪除的叶子会掉落在下部，方便扫除。叠加造型是指将植物修剪成大小差不多的半圆形球体，不过球体如果太厚，容易上下碰撞，这点一定要注意。因为树木会不断成长，如果球体之间的间隔太小，应修剪树枝，拉开间距。

按照形状每年都进行多次修剪，做出独具一格的造型。

灌木造型百变多样，具有西洋风格。有球体或立方体等几何造型，也有动物造型，可以修剪出各种形状的灌木。

可以选择犬黄杨等萌芽性较好的树种。如果是像球形那样单纯的形状，可以直接边修剪边造型，**但像动物那样复杂的造型，为了能沿着线条去修剪，需要用到金属造型框。**

在树苗还小的时候就罩上造型框，每年沿着造型框的表面修剪数次，逐渐修剪出想要的形状。从造型框里延伸出来的粗枝，要从低于造型框的线条的内部剪除，让树枝分叉。此外，若是有的地方有很大空缺的话，可以沿着造型框把树枝牵引过来，这样灌木的初步造型就完成了。

可以做成各式各样造型的灌木

修剪成大象造型的灌木。

松树的修剪方法是什么？

一般会使用“摘绿”和“鬓角修剪”这两种松树特有的修剪方法。

松树类（赤松、黑松、日本白松等）的修剪比较费工夫。因为其萌芽性特别差，如果从树枝的中途开始剪除的话，会因为不发芽而让整根树枝都枯死，因此不要大幅度地修剪，而是要一根一根仔细地修剪。基本上每年修剪两次，春天进行“摘绿”，秋天进行“鬓角修剪”（剪除旧叶），这两种修剪方法是松树特有的。

所谓的“摘绿”是指在叶子展开之前，松树长出的新芽。松树具有从一个部位扩散出好几根新芽的特性，如果任其生长的话，会导致树枝混乱，生长势头猛的新芽还会成为疯长枝，把树形弄乱，因此要趁早修整。新芽固定之前，也就是5月的时候，可用手将新芽折短，之后就会长出顶芽，形成节短的树枝。把想要让其再生长的树枝的新芽折短，连根去除生长过猛的新芽和不希望生长的树枝。

“鬓角修剪”则是指剪除旧叶。松树的旧叶会在落叶树的叶子凋落的时候枯死并掉落。为了让小树枝的间距宽松，让留下的树枝充分接受光照，这个时候就要用疏剪来剪掉重叠的树枝等不需要的树枝。

摘绿能让树枝变成“节短的树枝”，形成像古木那样的树形，而鬓角修剪能让树形变成“树枝稀疏、轻盈的树形”。怎样组合摘绿和鬓角修剪，取决于要修剪成怎样的造型。

但是松树的造型方法各有特色，园艺师的流派也不尽相同，因此修剪的方法并不局限于一种。这或许就是人们常说的“松树的修剪养护太难”的原因。

松树的修剪

松树的萌芽性较弱，不能用一般的修剪方法，需要大费周章地修剪。因此，这项工作很早就成为园艺师的工作了。要在春季进行摘绿，秋天进行鬓角修剪。

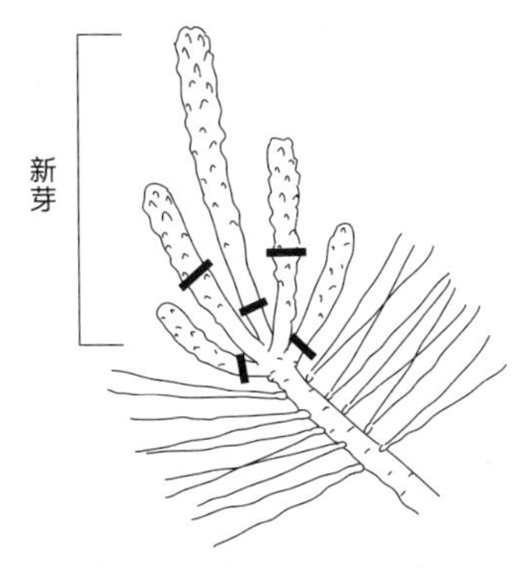

摘绿（适合时期为 5 月）

从枝头长出数根新芽形成 V 字形，选其中两根折去一半。从中间开始，长得过长的新芽要从根部摘除，其余的折短即可。

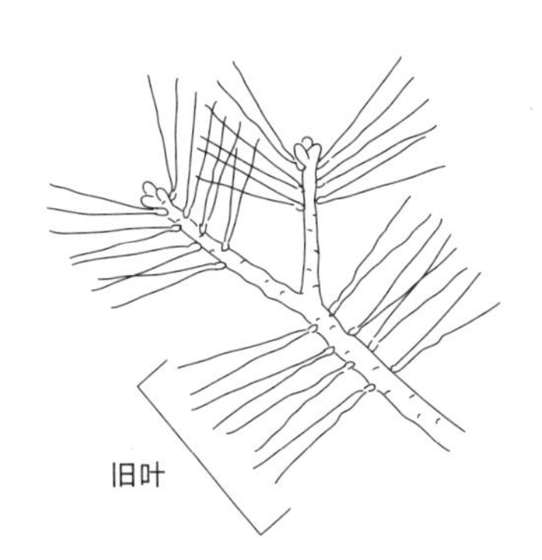

鬓角修剪（适合时期为 11 月—12 月）

旧叶（前年长出来的叶子）要用手拔除。这是为了保证光照能照到树枝内部，防止树枝枯死。同时还要疏剪重叠的树枝和混乱纠缠的树枝。

黑松摘绿

1 一到春天就会从枝头长出新芽。

2 中心长势过猛的新芽要从根部剪除。

3 其他长长的新芽要折短，这样既能缩短节距又能统一树形。

用杆栽培新枝开花的藤蔓植物，会很容易管理。

藤蔓植物的树枝每年会长 1~2 米，成长较快，如果一直置之不理，悬挂的树枝会缠绕重叠，导致最后无法修剪。

与能够独立生长的庭院树木等粗树干植物不同，藤蔓植物需要缠绕其他构造物或植物，并能长成任何形状，因此，最重要的是在开始就确定将来栽培成什么样。

为了观赏像紫藤那样能下垂得很长的花，需要用棚架栽培。悬挂蔷薇等横向生长开花的植物，比较适合用围栏栽培。

另外，对紫葳等新枝开花的藤蔓植物，推荐用杆栽培。

杆栽培是指用一根牢固的杆让枝条缠住，然后往上引导，从顶部呈伞状下垂悬挂的栽培方式。因为树枝垂挂的形状，也被称为“滴落式标准栽培”。这种栽培方式的优点是不占地方，只要在春天对顶部的枝条进行缩剪，当年就能开花，因此管理起来相当简便。新枝开花的藤蔓植物中除了紫葳以外还有贯月忍冬等品种。

经培育的紫葳的开花状态。

藤蔓植物的栽培方式

杆栽培

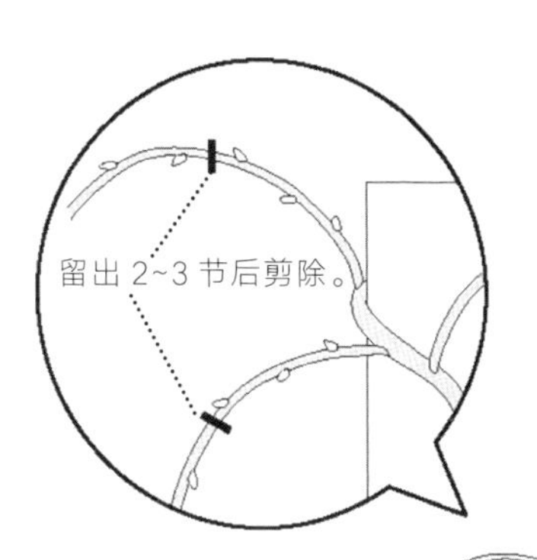

用棚架栽培的紫藤。

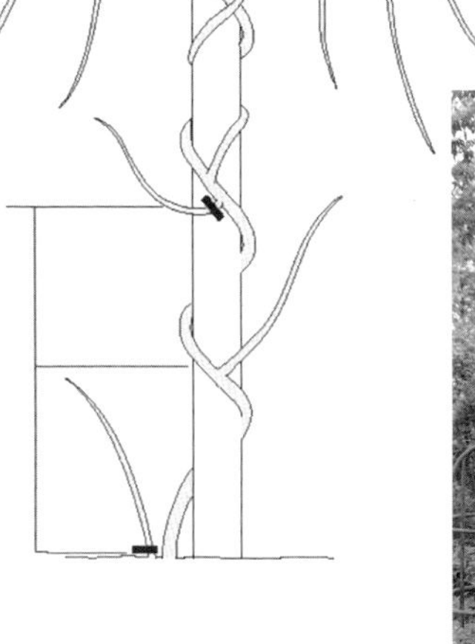

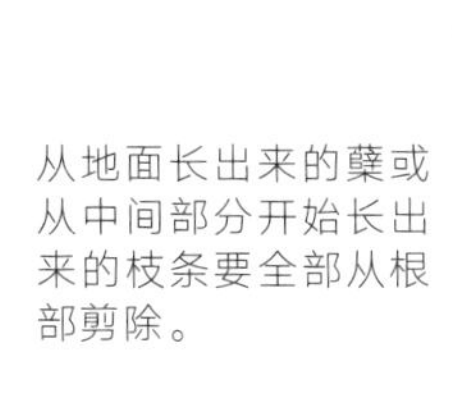

培育成拱形的蔷薇。

大部分针叶树树种都可以进行大幅度修剪。

针叶树有着各种各样的品种，它会长成自然形状，因此也有人觉得不需要修剪，**但像日本这样温度高、湿度大的气候条件会让它因生长过长而破坏造型，如果放任不管，混乱纠缠在一起的树枝也会因闷热、潮湿而发生落叶等情况，因此还是有修剪的必要的。**

针叶树中自然成形的基本树形，大致分为圆锥形、半球形等。

能长高的针叶树树种从开始种植后的 2~3 年就会长成基本树形，此时需要对其进行大幅度修剪。芯若是分成数根的话，瘦长的树形就会被破坏。因此，若是芯分叉了，应早点连根剪除，始终保持一根芯的状态。

松树类、银杉类、蓝云杉等萌芽性较低的树种不能进行大幅度修剪，而是用剪刀修剪。要注意不要把没有叶子的地方也修剪掉了。

各种针叶树的树形

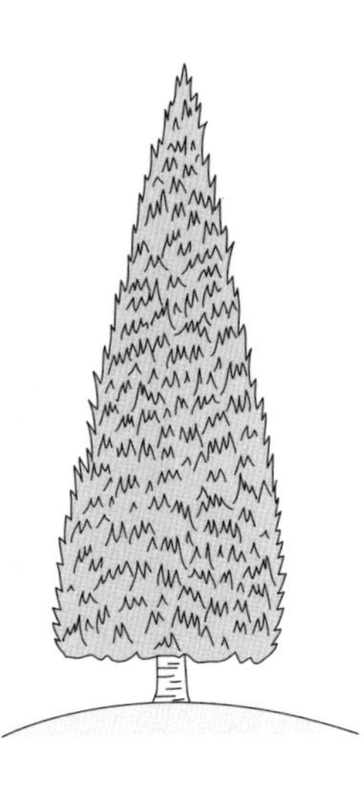

圆锥形

北美香柏“祖母绿”、
洛基山刺柏“蓝色天堂”、
蓝冰柏、侧柏、孔雀木、兰地树、
蓝云杉。

精修剪后的兰地树和侧柏、孔雀木。门旁种植了蓝云杉的前庭。

侧柏、北美香柏“莱茵河”、金叶花柏、刺柏“蓝色星球”。

半球形

攀爬型

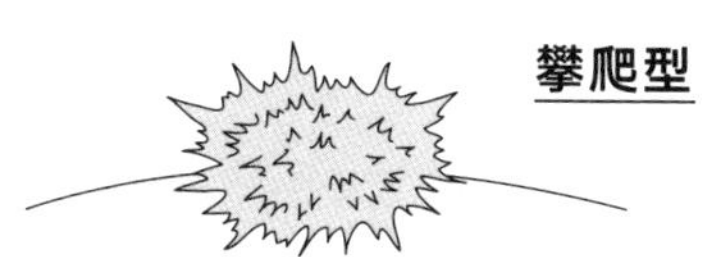

刺柏“蓝色太平洋”、巴尔港圆柏、“母脉”平铺圆柏。

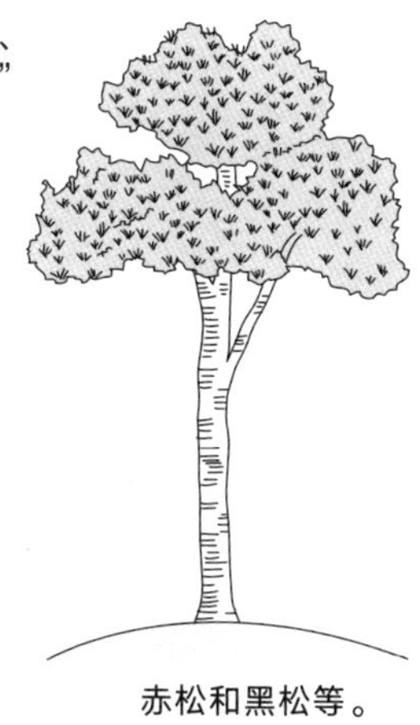

赤松和黑松等。

红景天

洛基山刺柏“扶摇直上”、意大利柏木。

想要重新养低，决定因素是重生的芯。

针叶树虽然普遍成长较慢，但圆锥形的针叶树中也有成长较快的品种，有时候需要逐年降低其高度。已经形成圆锥形的树形是以向上生长的一根芯为中心，其他侧枝整齐地成长，从而形成圆锥形。因此，只降低芯的高度而任由侧枝生长的话，树形就会变成椭圆形，无法回到原来的样子了。

想要降低高度的话，就要挑选一根新芯，以它为中心对侧枝进行缩剪，促使它长成圆锥形。即便新芯是斜枝，只要树干稍微留长些，并引导它向上生长，新枝就会长直。缩剪侧枝的时候要注意不要剪除没有叶子的部分。要在比叶子少许里面的小枝的分叉点进行剪除，这样做，切口痕迹不会很明显。

返祖后的树枝。

从匍地龙柏长出来的返祖后的树枝。

进行强修剪的话，会长出返祖的树枝。

以针叶树类为首，有时会出现返祖的树枝。特别是进行强修剪以后，被强烈刺激的枝干容易发生返祖现象。

比如匍地龙柏不太适合剪除其粗大的树枝，本来应使用在细芽状态时就用手摘除的修剪方式，为了省事而选择强修剪的话，尖锐的叶子前端会长出返祖的树枝。即便是日本扁柏，也会长出返祖的原种花柏的树枝。

返祖树枝会让树木的生长趋势变强，很快就能长成大树，因此一旦发现就一定要从根部去除。另外，由于强修剪容易引起返祖现象，所以需要每年进行精剪，最重要的是要避免强修剪。

降低针叶树的高度

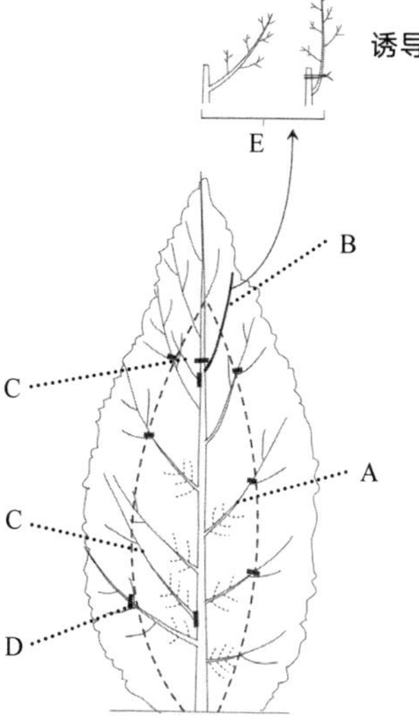

圆锥形的针叶树如果有芯就会自然成形，因此不需要人为切除树干，只要促生新芯并降低新芯的高度即可。

A. 用手摘除内侧枯死的叶子。
B. 挑选新芯，然后切除树干。
C. 把和新芯竞争的树枝、不要的树枝都剪除。
D. 沿着新芯的线条对枝梢进行缩剪。
E. 在不伤害新芯的情况下让其长直即可。

专栏　主要庭院树木按树种决定修剪时间和修剪方法

○落叶树

・中乔木类　主要为观赏树形的树种。

适合修剪的时期为冬季。即便是花木也有不适合花后修剪的树种，这类树种要在冬天进行修剪。

野茉莉：疏剪 =12 月—次年 2 月

枫树类：疏剪 =12 月

夏椿、紫茎：疏剪 =12 月—次年 2 月

樱树类：疏剪 =12 月—次年 1 月

山茱萸：疏剪 =12 月—次年 2 月

・中乔木类　主要为观赏花朵和果实的树种。

基本上是花后修剪，但也有的品种是在更能看清树枝的冬季进行修剪。

梅树：疏剪 =12 月—次年 1 月；疯长枝缩剪 =6 月

百日红：缩剪 =3 月

山茱萸：疏剪 =12 月—次年 2 月；疏剪 + 缩剪 = 花期过后的 3 月

疏剪 =12 月—次年 1 月

加拿大唐棣：疏剪 =12 月—次年 2 月

黄栌：疏剪 =12 月—次年 2 月

木莲类：疏剪 =12 月—次年 2 月；缩剪 = 花期过后的 3 月中旬—4 月

垂丝海棠：疏剪 =12 月—次年 2 月

紫荆：疏剪 =2 月—3 月中旬（怕冷）

四照花山茱萸：疏剪 =12 月—次年 2 月；花期过后的 5 月

桃树：疏剪 =12 月—2 月；疏剪 + 缩剪 = 花期过后的 4 月

木槿：疏剪 + 缩剪 =12 月—3 月（寒冷地域为 3 月）

紫丁香花：疏剪 + 缩剪 = 花期过后的 5 月—6 月中旬

・低树木类

基本上为花后修剪，但有时候会结合适合修剪的时期进行组合修剪。

八仙花：花期过后的 6 月中旬—7 月

乔木绣球安娜贝尔：缩剪 =12 月—次年 2 月

水晶花（溲疏）：疏剪 =12 月—次年 3 月；疏剪 + 缩剪 = 花期过后的 6 月

麻叶绣线菊：疏剪 =12 月—次年 2 月；缩剪 = 花期过后的 5 月中旬—6 月中旬

杜鹃花：大幅度修剪 =5 月—6 月中旬

胡枝子：缩剪 =12 月—次年 3 月上旬

蓝莓树：疏剪 =12 月—次年 2 月

珍珠绣线菊：疏剪 =12 月—次年 2 月、缩剪 = 花期过后的 5 月

连翘：疏剪 + 缩剪 = 花期过后的 5 月

蜡梅：疏剪 = 花期过后的 3 月

○常绿树

・中乔木类

最适合修剪的时期基本上为春季。秋天大幅度修剪的时候可以适当留有余地。

齐墩果树：疏剪 + 缩剪 =2 月—3 月中旬

隐身草：疏剪 + 缩剪 =3 月—4 月；6 月—7 月中旬、9 月

夹竹桃：疏剪 + 缩剪 + 大幅度修剪 =4 月

金木樨：大幅度修剪 + 疏剪 =3 月—4 月中旬

贝利氏相思树：疏剪 = 花期过后的 4 月—5 月

山茶花：大幅度修剪 + 疏剪 =3 月—4 月中旬

青栲：疏剪或者大幅度修剪 =3 月—4 月中旬

光蜡树：疏剪 =3 月—4 月中旬

光叶石楠：缩剪 + 大幅度修剪 =3 月—4 月中旬、6 月—7 月中旬、9 月

广玉兰：疏剪 + 缩剪 =4 月

山茶：疏剪 + 缩剪 + 大幅度修剪 = 花期过后的 3 月—4 月中旬

厚皮香：疏剪 =5 月—6 月中旬、9 月

・低树木类

花木基本上是花后修剪，结果型的树木在春天进行修剪。

金叶日本冬青（冬青类）：大幅度修剪 =3 月—4 月中旬，6 月—7 月中旬、9 月

栀子：疏剪 = 花期过后的 6 月中旬—7 月中旬

杜鹃、映山红：大幅度修剪 = 花期过后的 5 月—6 月中旬

石楠花：疏剪 =3 月、摘花瓣 =5 月

瑞香：缩剪 + 大幅度修剪 = 花期过后的 4 月—5 月中旬

檵木：大幅度修剪 = 花期过后的 5 月—6 月中旬

南天竹：疏剪 =3 月—4 月中旬

○针叶树

春季 3 月—4 月修剪是最为合适的。

大部分针叶树类要大幅度修剪再加上疏剪 =3 月—4 月、6 月—7 月中旬、9 月

※ 可以进行相同方式修剪的有紫衫、香柏类、花柏类、刺柏类等。

桧柏：缩剪 =2 月—3 月、5 月中旬—6 月、9 月

蓝云杉：缩剪 =3 月—4 月

罗汉松类：疏剪 =6 月—7 月中旬、9 月

（绿篱、人工造型树可以进行大幅度修剪）

松树类：摘绿 =5 月；鬓角修剪 =11 月—12 月

第七章
修剪困难和易失败的树种的处理方法

容易导致干枯或不开花的情况发生。

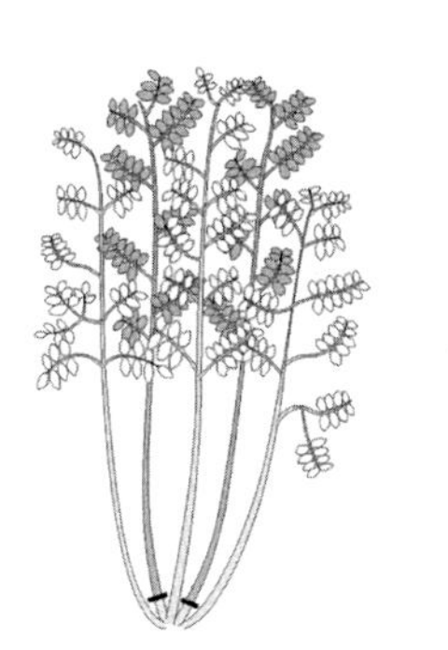

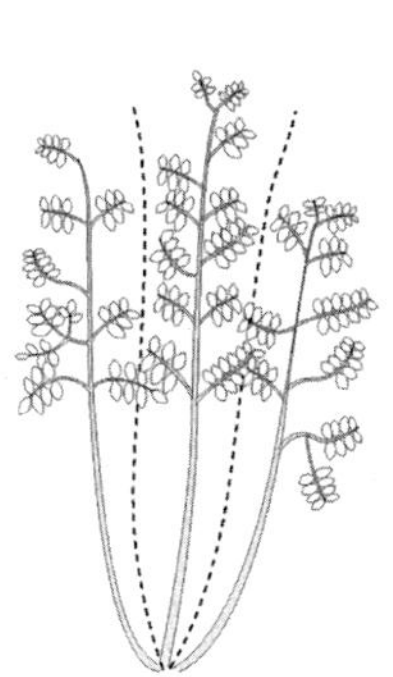

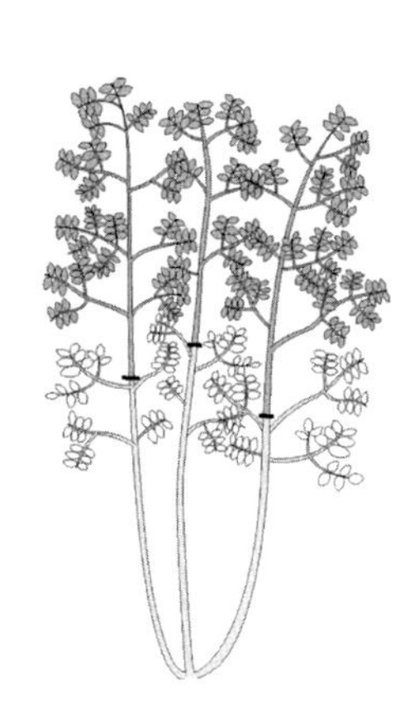

秋季修剪或强修剪没有叶子的地方，会导致树枝枯死。

相思树是个总称，一般指贝利氏相思树或银荆相思树。种植后几年就能长到4~5米的高度，因此修剪是必不可少的。但是大部分相思树都是澳大利亚原产的常绿树，普遍怕冷，虽说生长很快，但如果在夏季后半期到秋季进行修剪的话，可能会在冬季枯死。其同类都在春季发芽之前开花，所以应采用花后修剪的方法。

树木未成熟时，树枝数量较少，这会使疯长枝生长过长，所以要在花期过后把长得太长的树枝修剪短。但是树木在种植后的几年之中扎根，会生长过快，所以必须要进行修剪。不过相思树的同类萌芽性差，**若是将没有叶子的部分都剪除，会因不萌芽导致树枝枯死。应避免粗树枝剪得太短，要从根部剪除以便拉开间距。**

银荆相思树，2 月—3 月开花。

贝利氏相思树。
3 月左右开花，
叶子是银色的。

相思树成木修剪

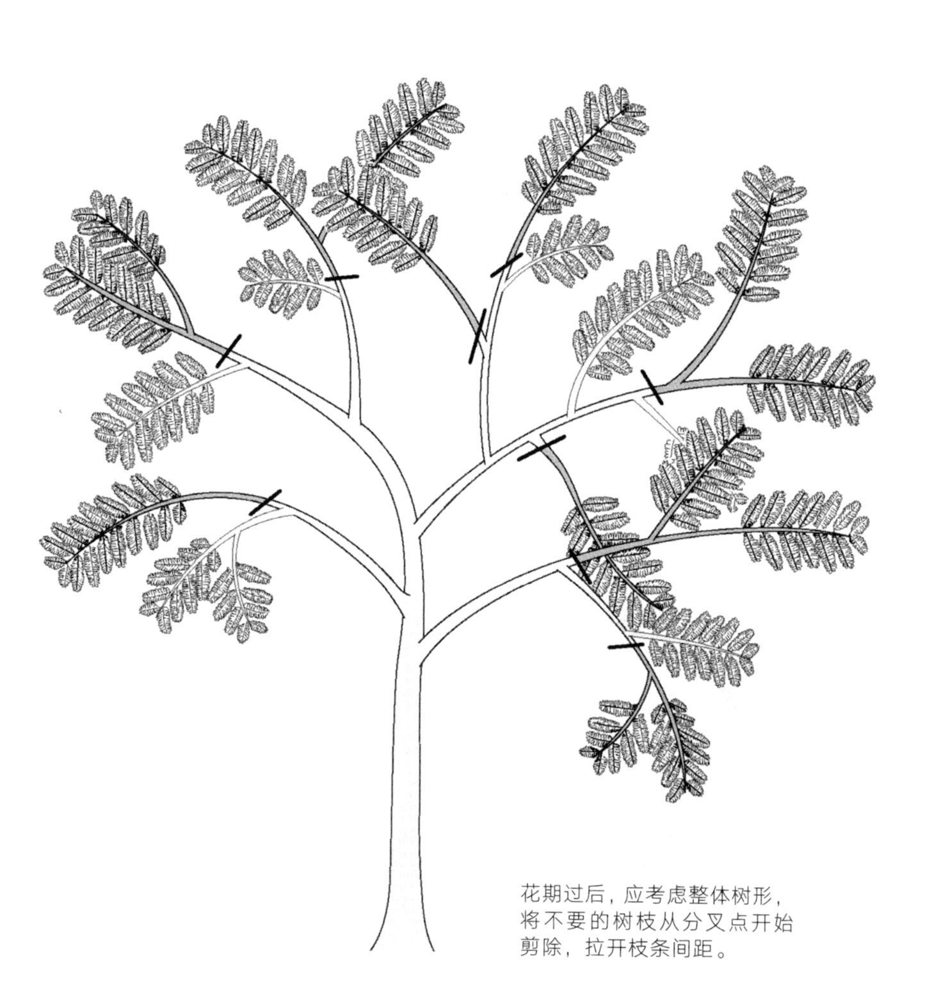

花期过后，应考虑整体树形，将不要的树枝从分叉点开始剪除，拉开枝条间距。

为什么对四照花大幅度修剪后，第二年就不开花了？

这是剪除了花芽或是因枝条混乱纠缠而无法长出花芽的缘故。

有时会看到整体修剪成圆形的四照花。四照花的花芽经常会在 7 月左右到第二年开花之前分化，如果进行了大幅度的修剪，会导致枝梢上的花芽因被剪除而无法开花。

即便是在花期过后进行大幅度修剪，若修剪过后仍留有几根萌芽的树枝，也会因光照不好而导致无法长出花芽。**四照花基本上是在冬季进行疏剪的，再加上用花后修剪来梳理纠缠在一起的树枝，让光照度变强，花芽就比较容易长出来了。**

落叶乔木茁壮的树形也是观赏的对象。尽量避免大幅度修剪或将树枝剪得太短，可以采用疏剪的方法。

齐墩果的树枝容易纠缠在一起，因此要保证间距、加强光照度。

齐墩果有着银绿色的树叶，很受欢迎，是近几年迅速成为园艺主角的树种。

齐墩果比较怕冷，但成长很快，萌芽性也好，所以会从树枝的各个地方长出不定芽，从而导致树枝纠缠在一起。**应以树干为基准，剪除不要的树枝后，再从根部剪去从内部的不定芽上长出来的树枝，以保证阳光能充分照到内部。**然后留下向外扩散的树枝，从树冠线横生出来的树枝要剪短，调整整体的形状。作为常绿树的齐墩果，在每年 3 月进行修剪。

齐墩果扎根力较弱，树叶太过繁密的话，遇强风就会整棵树倾斜。应在其还是幼树时做支柱，树木长大之后进行修剪，以便拉开树枝的间距，保证通风。避免树木长得过高，将树木的高度控制在 2~3 米。

齐墩果的修剪

齐墩果的花。

用容器栽培的齐墩果，银色的叶子非常漂亮。

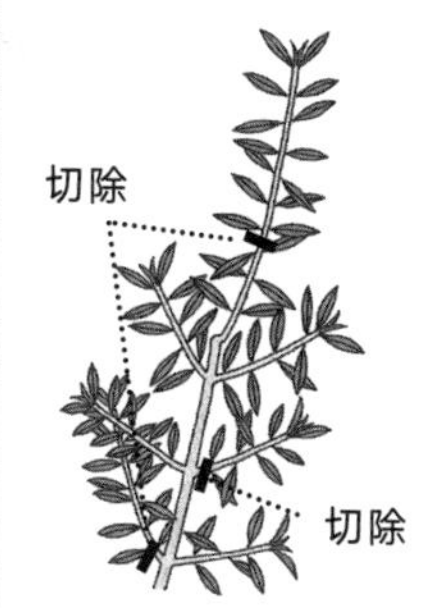

剪短冒出来的有疯长倾向的树枝，拉开纠缠的树枝的间距。

疯长枝留出20厘米左右的长度，然后剪除其余部分，这样就能促使短枝长出花芽。

梅树的生长势头不会很猛，也不会自然地长成漂亮的树形，所以要靠日常修剪来维护树形。要在落叶期剪除不要的树枝，观花的梅树和观果的梅树修剪方法有所不同。

观花型梅树要将每根树枝都修剪出一定程度的层次感。从侧枝会长出很多向上生长的破坏树形的疯长枝，所以要剪除不要的疯长枝，并拉开间距，恢复梅树原来的形状。为了让梅树开出更多的花，要将疯长枝留出 20 厘米左右的长度，剪除其余部分。因为剪得稍长一点容易长出短枝，到了 7 月，还会从短枝上分化花芽，这样就能增加花的数量了。

观果型梅树要在其幼小时剪短主干，以促进分枝生长，引导树枝向左右扩散，培养成“扩张型树形”。虽然树枝横向生长很占地方，但优点是光照度强、很容易收获果实。

培养成扩张型树形的梅树。

梅树的树枝构造

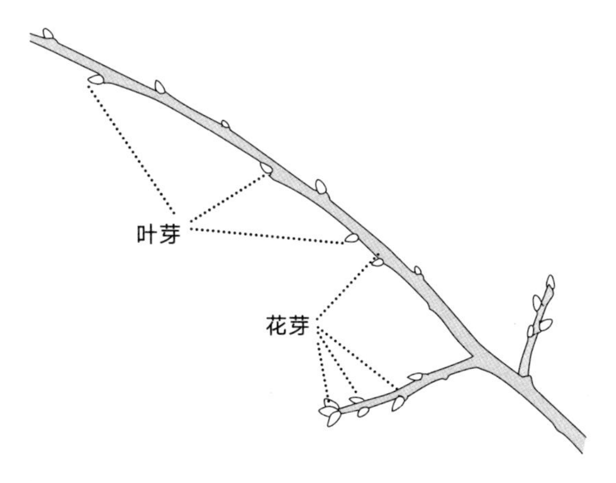

短枝上容易长出花芽。

长枝要缩剪

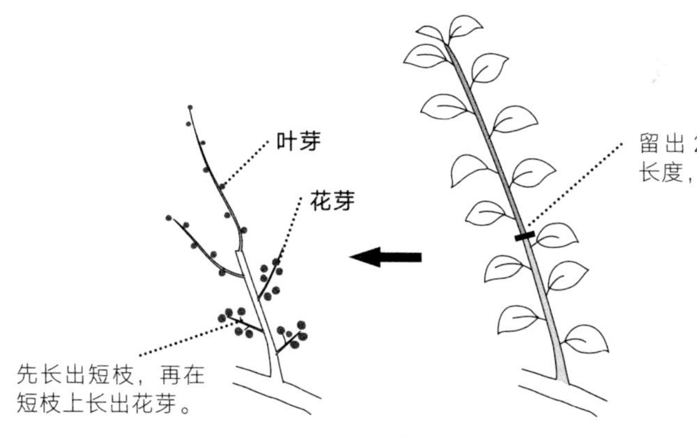

条件允许时，每年修剪两次，可恢复主枝长度和拉开间距。

光蜡树是原产于东南亚的常绿树，卵形的叶子非常受欢迎，近几年常被种植于庭院中，主要是直立型树种。落叶型的光蜡树是另外一个品种。光蜡树虽然怕冷，但生命力强、生长速度也快，种植后几年就能长得超乎想象的巨大，经常发生无法管理的情况。

光蜡树的修剪要以减慢它的成长速度和将其控制在某一高度为主。

为了呈现出光蜡树自身的柔和气氛，在剪除不要的树枝之后，还要对疯长枝或太粗的侧枝进行疏剪，以便拉开枝叶的间距。因其萌芽性较好，所以即使树枝剪得很短也没问题。叶子的数量一旦增多，就会促使主枝生长过快、过粗，所以小树枝也要进行疏剪，以便减少叶子的数量。**光蜡树的生长速度很快，为了防止树枝长得太长，一般每年要修剪两次（春季的 4 月和初秋的 8 月—9 月）。**

如果树形长得太大的话，要剪短主枝上部，恢复高度，这样做可以让它再次萌芽。应在侧枝的分叉点上修剪。一般的树种不这样修剪，但光蜡树这类萌芽性非常强的树种可以这样修剪。

切口附近会长出一些树枝再次萌芽，挑选 1~2 根进行保留，剪除其余部分。

另外，从直立的主枝根部拉开间距，能够减少树枝数量。7 根就留 5 根，5 根就留 3 根，以此类推，保留奇数的树枝，这样就能让树木保持苗条了。

让光蜡树（直立型）树形缩小的修剪方法

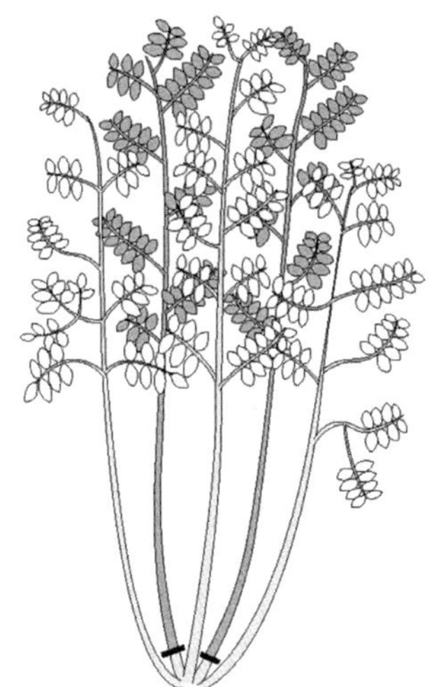

直立型的光蜡树

太过茂盛超出原体积的话，要在适合修剪的时期拉开根部的间距。

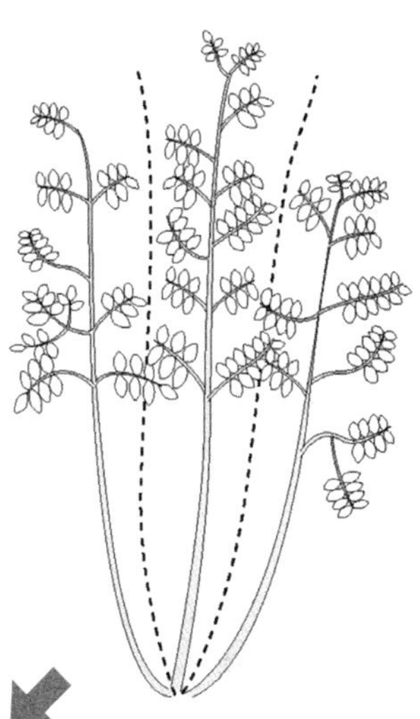

减少主枝的数量，树形就能变得苗条了。

4月份将树干剪短。

长得太高时，就在修剪期将树干剪短。这是适用于萌芽性很强的光蜡树的独特修剪方法。

修剪方法可分为直立型、半悬挂型、悬挂型。

蔷薇大致可分为属于灌木蔷薇的直立型蔷薇、半悬挂型的灌木月季（古典玫瑰和英国玫瑰等）、悬挂型的悬挂蔷薇（攀缘月季），其花芽的生长方式和修剪方法各不相同。

直立型的蔷薇属于新枝开花，花芽长在伸长的新梢前端。大部分蔷薇都是四季开花，冬眠期为 12 月—次年 2 月。基本上以冬季修剪为主，保持整体 1/3~1/2 的高度，并将旧枝、内部的树枝及纠缠在一起的树枝连根剪除，以便下一批枝芽生长。春季（5 月）开花后要切除花瓣，这样一来 6 月就会二次开花。到了 9 月上旬左右切除一半长长的树枝，之后长出来的树枝就会在 10 月—11 月开花（秋季蔷薇）。

悬挂型的蔷薇属于旧枝开花。与直立型的蔷薇不同，悬挂型的蔷薇不能进行强修剪。因为今年长出来的新枝会在明年长出花芽，因此只要在冬季将长出来的枝梢修剪掉即可。但是 3 年以上的旧枝很难再开花，可将其连同枯死的树枝和不健康的树枝一起连根去除，以拉开枝叶间距。为了增加新枝和茂密性，要事先留出第二年的树枝，因此需要更大的空间或能够进行引导的空间。

半悬挂型的蔷薇杂交品种繁多，因此比较特殊。古典玫瑰等一季开花或二季开花（二次开花）的品种比较接近悬挂型蔷薇，而最近的品种比较接近直立型蔷薇，并且具有多次开花的特性。冬季修剪应根据不同品种来判断修剪方式，接近一季开花的品种和生长树枝的品种归于悬挂型蔷薇，具有多次开花性质的、生命力较强的品种就要看其开花的方式了，但直立型的蔷薇同样可以强修剪。不管怎么样，蘖都有可能从台架攀爬上来，因此要从整株的根部切除。

直立型蔷薇的修剪

冬季修剪（12 月一次年 2 月）

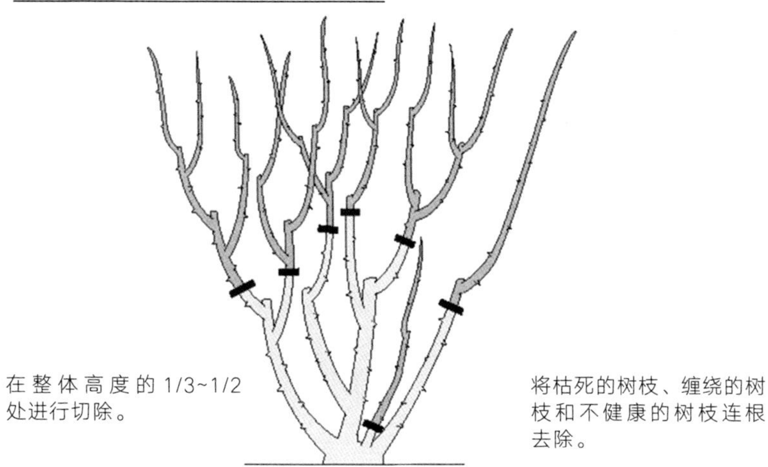

在整体高度的 1/3~1/2 处进行切除。

将枯死的树枝、缠绕的树枝和不健康的树枝连根去除。

夏季修剪

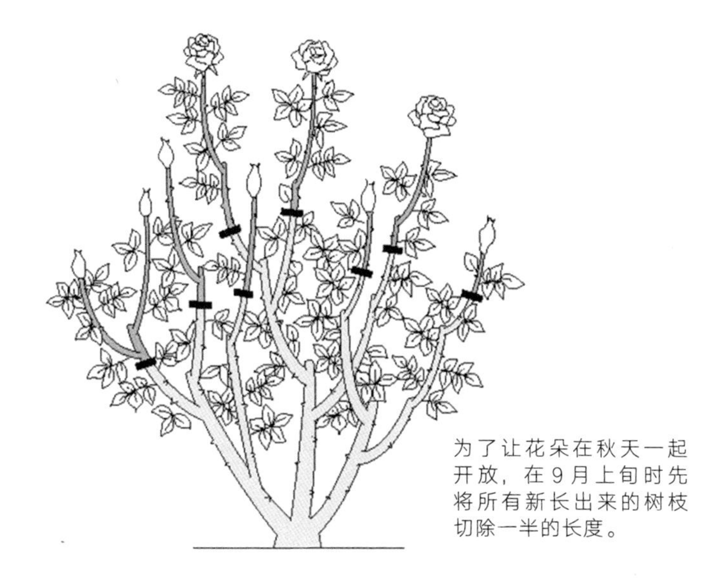

为了让花朵在秋天一起开放，在 9 月上旬时先将所有新长出来的树枝切除一半的长度。

悬挂式蔷薇的修剪和引导

前年长出来的树枝上会经常开花，因此要在春天开花后保护要生长的树枝，在冬季（12 月—次年 2 月）进行引导。悬挂型蔷薇生长得很快，所以需要种植在墙面或栅栏等宽敞的位置。

冬季修剪

三年以上的旧枝、不健康的树枝和缠绕在一起的树枝都应该被剪除。

枝梢稍微缩剪。

旧枝

冬季引导

修剪后，将树枝向水平方向呈放射状放平，进行引导，枝梢稍微进行缩剪。

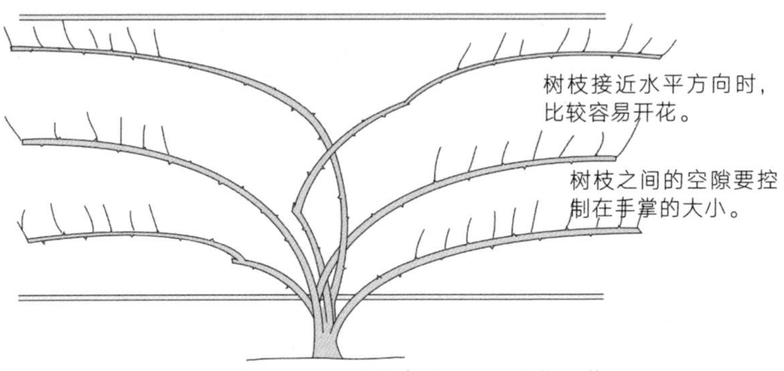

冬季引导的诀窍是，将树枝整齐地分配，这样开花的时候也会很漂亮。

半悬挂型蔷薇的修剪和引导

蔷薇的品种不同，习性也不同，所以要结合其开花方式和品种的特性进行修剪或引导。原种或古典玫瑰等一季开花的品种接近于半悬挂型蔷薇，灌木月季等多次开花的品种则接近于直立型蔷薇。半悬挂型的蔷薇品种不同，其树枝的生长长度也不同。

冬季修剪

要剪除三年以上的旧枝、不健康的树枝和缠绕在一起的树枝。灌木月季即便缩剪了也可以开花。

枝叶繁茂的品种要像悬挂型蔷薇那样进行修剪和引导。

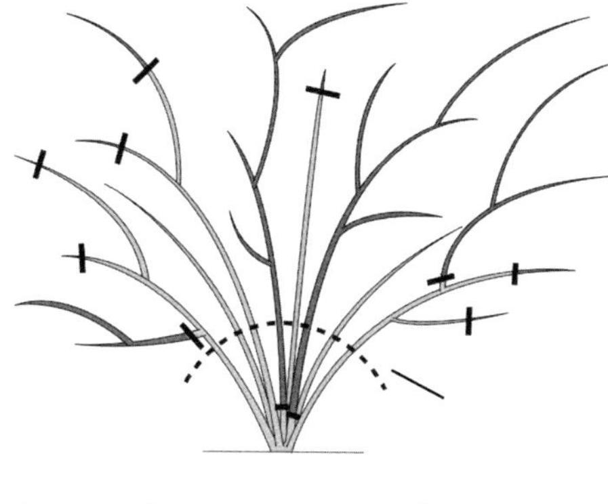

反复开花性强的品种可按照四季开花蔷薇那样进行修剪。

冬季引导

将树枝呈放射状引导比较好。要注意的是，一季开花性或多次开花性的品种在冬季被剪短后就不会在春季开花了。

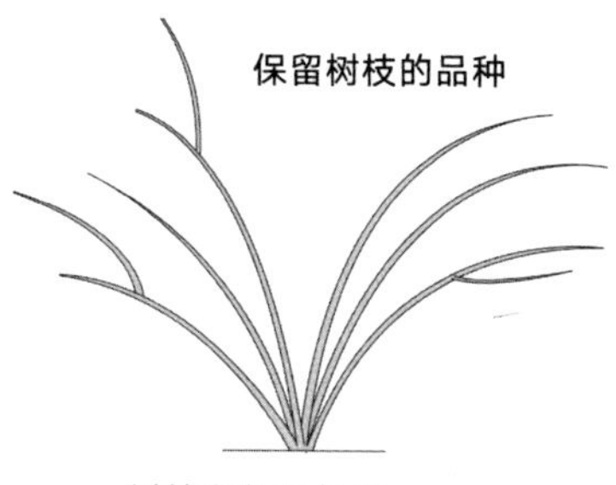

树枝留得很长时，应引导到窗边或者栅栏等位置。

可以进行强修剪的品种

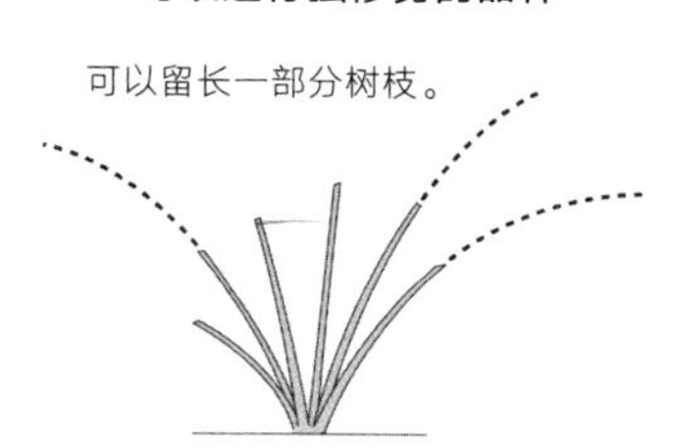

四季开花性较强的品种，可以修剪出层次感，开花时的形态就会很漂亮。

不结果的树枝也有可能会在第二年结果，所以要保留。

南天竹一旦长大就会容易纠缠在一起，要从根部切除旧枝，拉开间距。留 5~7 根从地面长出来的树枝比较合适，地面的光照度也会较好，嫩枝发芽生长、树枝的新陈代谢也比较容易进行。

因为是以观赏果实为目的，所以不能进行花后修剪。在冬季观赏果实之后，也就是在常绿树的适合修剪时期（3 月—4 月上旬）进行修剪。

南天竹的花芽会在前一年的 7 月—8 月长出来，圆圆的顶芽就是花芽。前一年结果的树枝很难在第二年再结果，因此要从树枝中间开始剪除花芽，或是从根部剪除，以此拉开树枝的间距。相反，长得很好却没在前一年结果的树枝也有可能在今年长出花芽，所以要保留下来。

南天竹的修剪（3 月—4 月上旬）

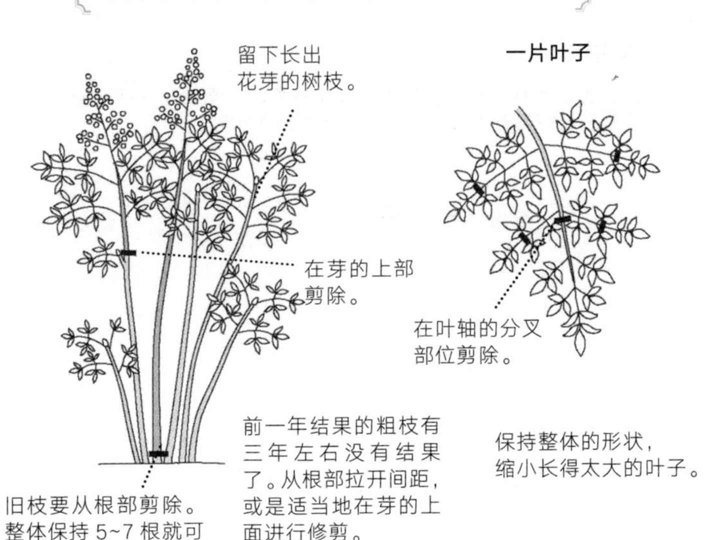

贝利氏相思树的瘤该如何处理？

在突起部分的下方进行强修剪，让树枝重新生长。

贝利氏相思树属于新枝开花，长长的枝梢上会开花，所以主要以缩剪为主。不过若是每年都在树枝的同一个地方进行缩剪的话，枝梢会凸起变为瘤状。

凸起部位不会长出健康的树枝，但会密集地长出很多细小的树枝，从而影响开花。

一旦长出了瘤，就在它的下方进行强修剪，让树枝重新生长。于第二年在树枝 10~15 厘米处进行修剪，能恢复花朵生长，并且会再次开出很大的花。

贝利氏相思树发芽较晚，耐寒性较差，因此要在春季发芽前（3 月份左右）进行修剪。

贝利氏相思树的根部容易生蚧壳虫，所以在修剪的时候要用牙刷等工具刮除蚧壳虫。

长出瘤的贝利氏相思树。

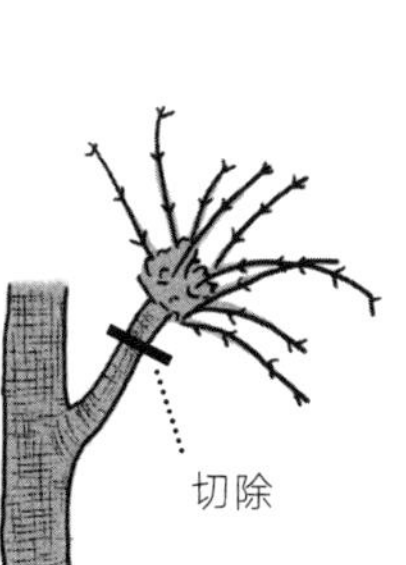

长出树瘤时，应在瘤的下方进行强修剪。

不能进行大幅度修剪。置换侧枝可以保持修长的圆锥形。

蓝云杉是能细分枝成金字塔形的针叶树，但由于它几乎没有萌芽性，因此最忌讳强修剪。若是从中间开始剪除树枝，蓝云杉会枯死，这点应特别注意。

虽然蓝云杉的成长速度较慢，但几年之后树枝就能伸展开来，很占地方，庭院就会显得拥挤。为了控制它的大小，要在内侧的分歧点切除侧枝，使其保持修长的整体。

蓝云杉的侧枝每年长一次，每次分枝三到四根。也就是说每年只长一节。

缩剪的最佳时期是 3 月—4 月。中间位置的树枝保留两节，两侧的小树枝保留 1~2 节，为了平衡整体的形状，应在分歧点进行缩剪。如果修剪后的树枝下方还有较弱小树枝的话就留下来，将其培养成为新侧枝的中央枝。如果下方没有树枝，就让侧枝呈 Y 字形生长，整体要维持以芯为中心的圆锥形。

另外，不建议为了降低高度而剪芯。因为侧枝和芯各有其作用，一旦将芯剪去，即便对树枝进行诱导也不会成为新生长的芯了，树形也很有可能恢复不了原状。蓝云杉原本就是成长很慢的品种，一边维持其修长的形状，一边尽可能长时间地享受它带来的乐趣吧。

与蓝云杉同性质的欧洲云杉等其他的云杉类树木进行相同的修剪即可。

蓝云杉的侧枝修剪

局部放大图

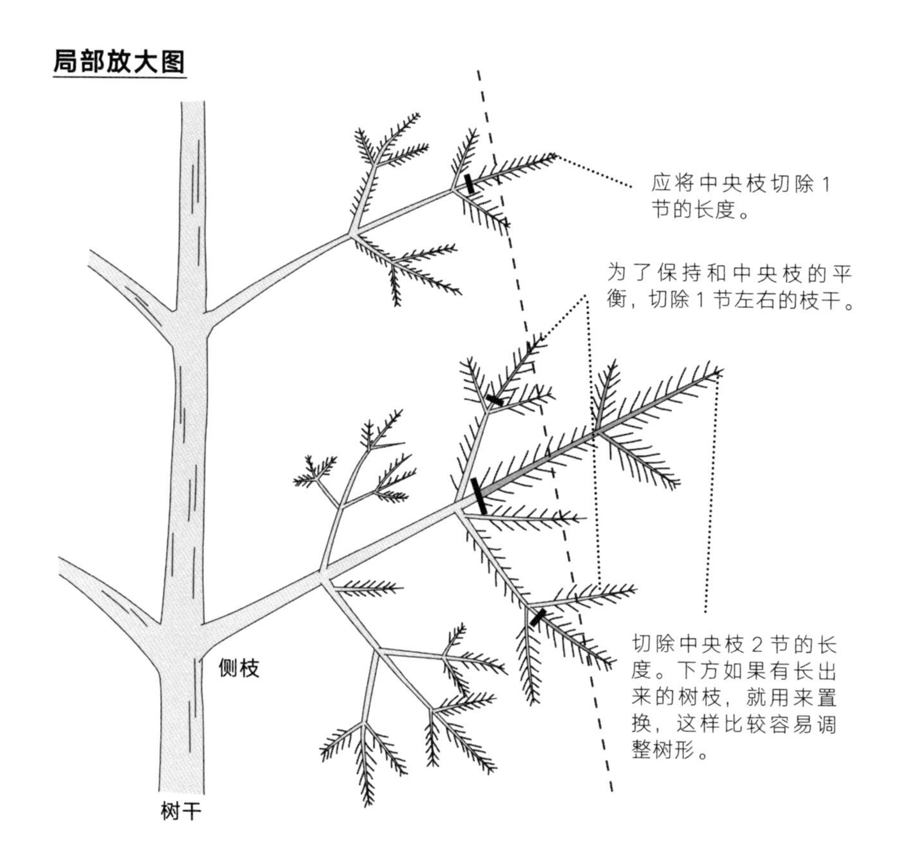

整体图

修剪成以芯为中心的圆锥形。

要注意的是，剪除芯的话就长不出新芯了，树形也会被破坏！

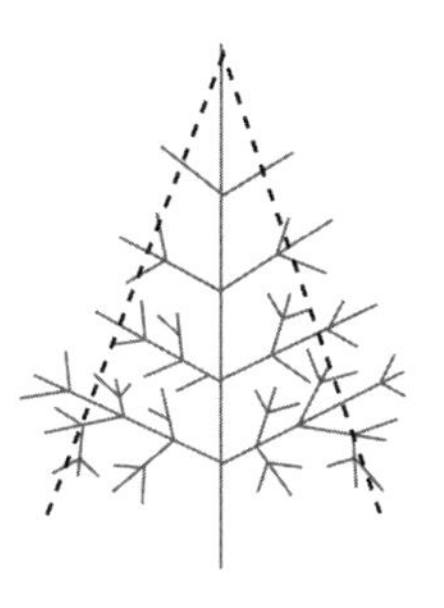

可能是花后修剪有点晚。

杜鹃花是杜鹃类中花期最晚（日本关东地区在 5 月中旬—6 月上旬开花）的植物，第二年的花芽分化和其他常绿性杜鹃类一样都是在 7 月中旬。因此花后修剪要比其他杜鹃早，这一点很重要。考虑到花期过后长出来的新梢在花芽分化期之前要停止生长，应在花朵残留之际，剪除花梗并进行大幅度修剪。另外，和其他杜鹃一样，在花芽分化以后再深入修剪，并剪除花芽的话有可能会导致其完全不开花。这也是为什么委托园艺师每年只对庭院树木打理一次也有可能不开花的原因。

花后大幅度修剪时，要注意新长出来的树枝，稍微剪掉窜出来的树枝的话是不会影响花的数量。

杜鹃花的修剪

用修剪剪刀均匀地修剪整体，并剪除残留的花梗。顶部进行强修剪，再用园艺剪刀在细小的地方完成精剪。要注意不要剪没有叶子的地方。

为什么衰弱的树木在修剪后完全枯死了？

根一旦变衰弱了，修剪后树枝不再生长就会导致树木枯死。

强修剪后的树木会长出疯长枝，衰弱的树是否也会这样呢？即便强修剪会减少芽的数量，破坏根和芽的平衡，只要根是健康的就能长出疯长枝，但树木极端衰弱的话，根就会丧失活力，这种情况下，即便进行修剪也基本上不会再长新梢了。如果树叶的数量无法恢复，光合作用产生的碳水化合物就不足以供给整棵树的养分，最后导致整棵树都枯死。

修剪之前先观察树木，即便光照好也有很多枯死的树枝，前一年的伸长度很少，树叶都很小等，如果见到诸如此类的情况，就可以判断这棵树很衰弱了。**为了恢复衰弱的树木的生长趋势，就要采用医树的方法，现在的主流治疗方法是不进行修剪，而是改良土壤，让树木长出新根。**树木如果很衰弱，就要控制修剪，等几年后树木的生长趋势变好后再决定是否要慢慢开始恢复修剪。

为什么紫藤的枝条长得太长，修剪后不开花？

一旦进行了强修剪，就会不开花了。可在冬季确认花芽后再进行修剪。

紫藤的垂挂枝条在夏季会旺盛地生长，让人忍不住想要去进行修剪。如果在夏季对垂挂枝条进行强修剪的话，垂挂枝条会再次长长，导致不开花。**这是因为紫藤的垂挂枝条分为两种，一种是生长很快的不长花芽的长枝条（长枝），另一种是长花芽的短枝条（短枝）。越是进行强修剪，长枝长得越快，第二年就不会开花。**

紫藤一般在 7 月—8 月上旬形成第二年的花芽，所以在落叶后的冬季，用眼睛就能确认长得圆圆的花芽。留下长着花芽的短枝，切除长枝调整形状。这时如果进行强修剪的话，第二年就会光长长枝了。和疏剪一样，长得过长的长枝要从根部剪除，拉开间距，**对留下的长枝稍微进行缩剪。少许缩剪不会让新的垂挂枝条疯长，很容易长出短枝。**

想让花芽分化必须要有充分的光照，所以进行花后修剪能让花朵长得更好。但是一旦进行了强修剪就会让疯长枝生长，因此只需要用弱修剪来疏导纠缠在一起的地方即可。大修剪只在冬季进行也没问题。

留下长了花芽的短枝，第二年会开很多花。

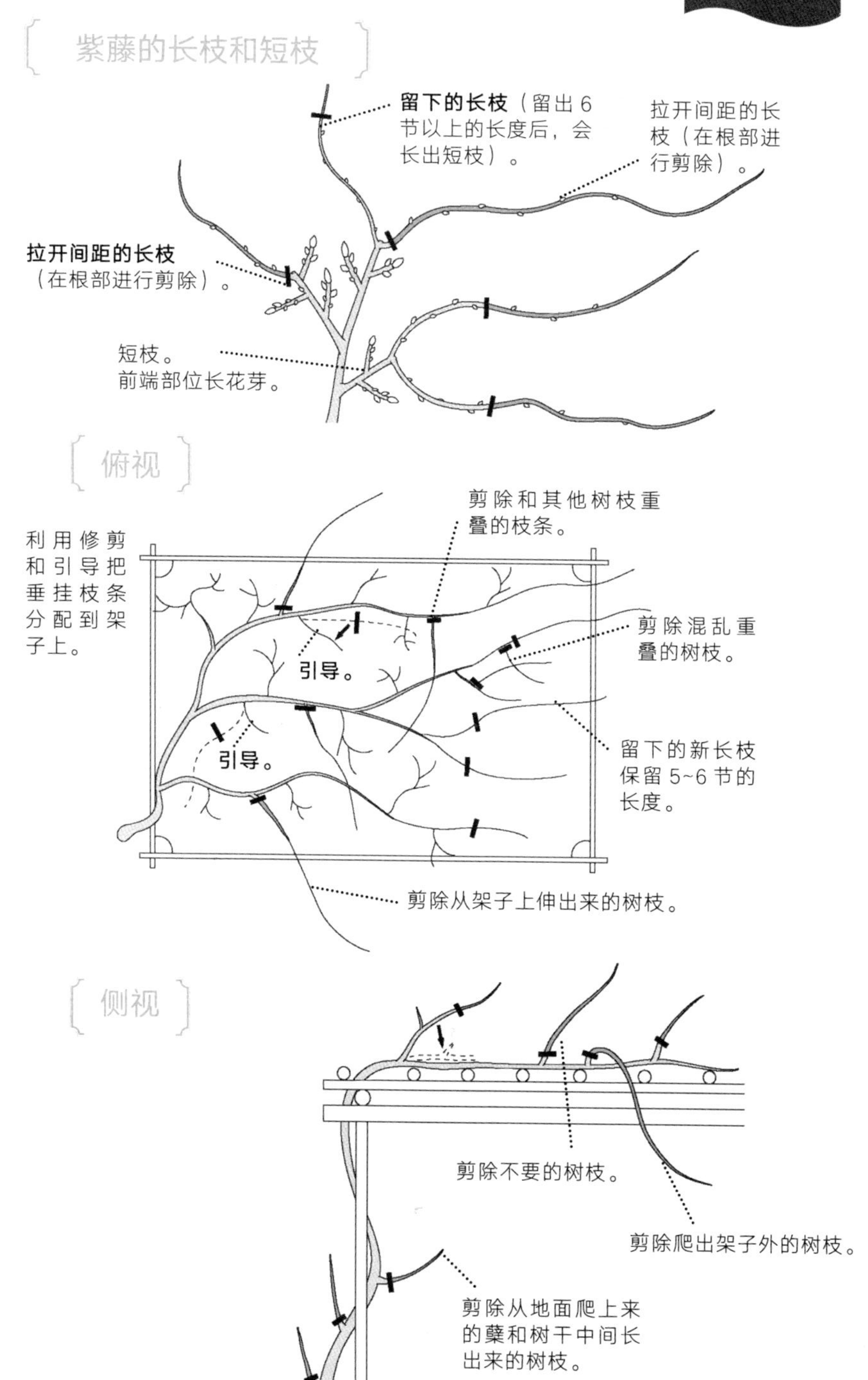
紫藤的长枝和短枝
留下的长枝（留出6节以上的长度后，会长出短枝）。
拉开间距的长枝（在根部进行剪除）。
拉开间距的长枝（在根部进行剪除）。
短枝。前端部位长花芽。
俯视
剪除和其他树枝重叠的枝条。
利用修剪和引导把垂挂枝条分配到架子上。
剪除混乱重叠的树枝。
引导。
引导。
留下的新长枝保留5~6节的长度。
剪除从架子上伸出来的树枝。
侧视
剪除不要的树枝。
剪除爬出架子外的树枝。
剪除从地面爬上来的蘖和树干中间长出来的树枝。

保留从上部枝节长出来的树枝，在 2~3 节处剪短，调整形状。

庭院里经常会使用乌竹或唐竹等不会长得太粗的品种。**它们的地下茎会不断增长，所以种植的时候要事先考虑阻止根生长的对策。**

竹子会在地面上长出竹笋，随后一口气开枝散叶，从停止生长到枯死为止，其大小都不会再有变化了。一般我们买的竹子已经是停止生长的高度，不会再长高了。但是地下茎长出的新芽会增加高度，所以需要进行修剪，以保持它的大小。

从根部剪除不需要的部分，保留下来的部分要在离根部 20 节左右的地方剪短，以控制高度。横向生长的树枝只要保留上面部分 5~8 处，并在 2~3 节的地方剪短，调整其形状。其余的树枝都要从根部剪除。**每年秋天或初春时进行修剪，调整形状。**

竹子的地下茎会无限增长，因此，离地面 60 厘米以下的部分要遮蔽起来。剪除冒出地面的地下茎。

竹子的修剪

适合修剪的时期为 12 月或次年 2 月下旬—3 月上旬，每年进行一次。

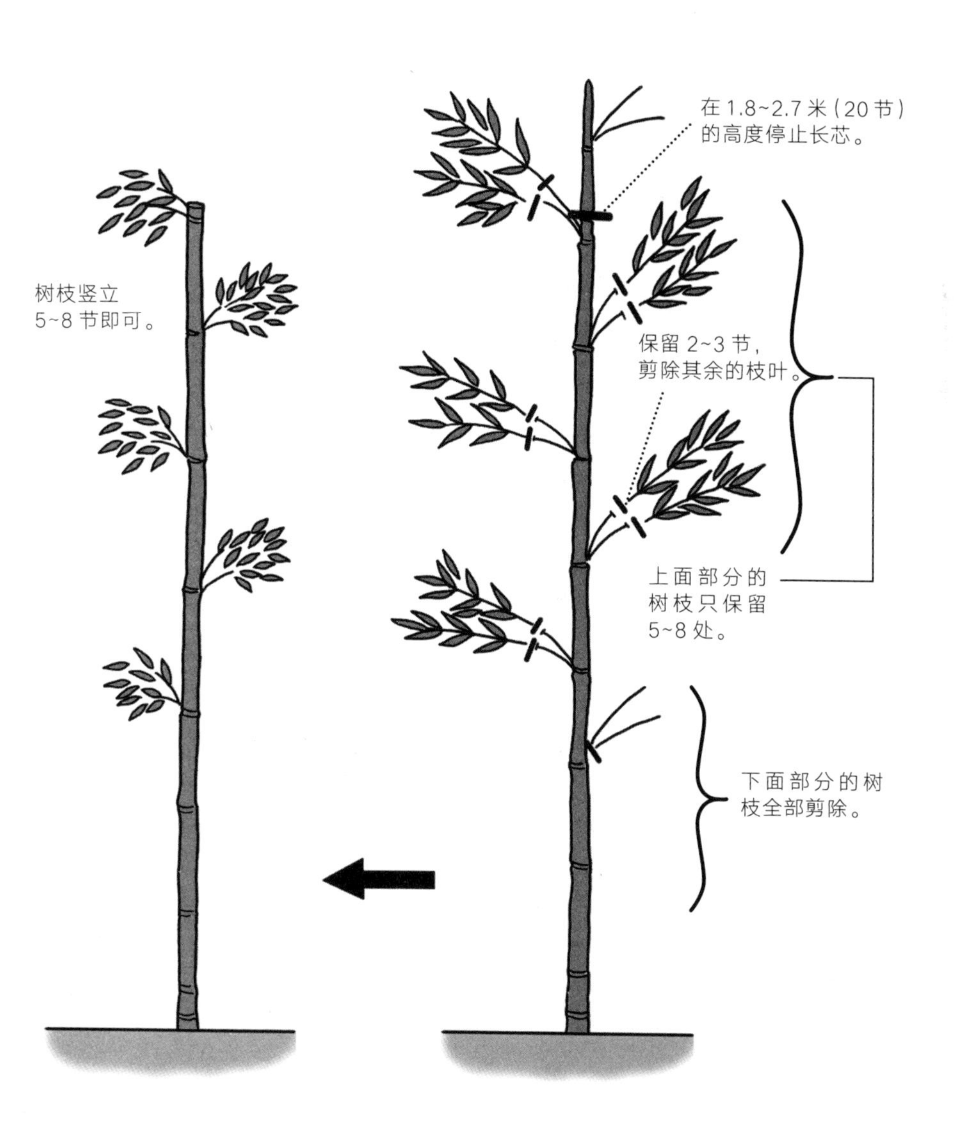

从哪里开始修剪？修剪竞猜

（问题篇）

答案从147页开始。
寓教于乐的同时进行复习。
把修剪的基本要点用竞猜的形式展现出来吧。

级别说明

☆修剪树木的基本要点

☆☆简单的修剪这样就可以了

☆☆☆无论什么样的修剪方式都能挑战

Q1

留芽剪除树枝时，从A、B、C哪个位置剪除比较好呢？

级别 ☆

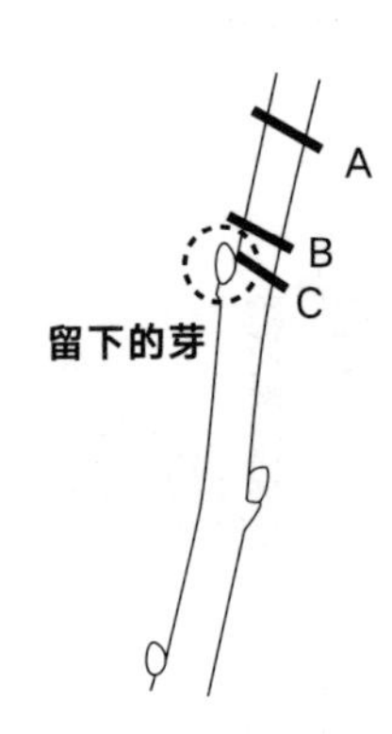

Q2

一般是保留外芽（A）还是保留内芽（B）之后再修剪？

级别 ☆

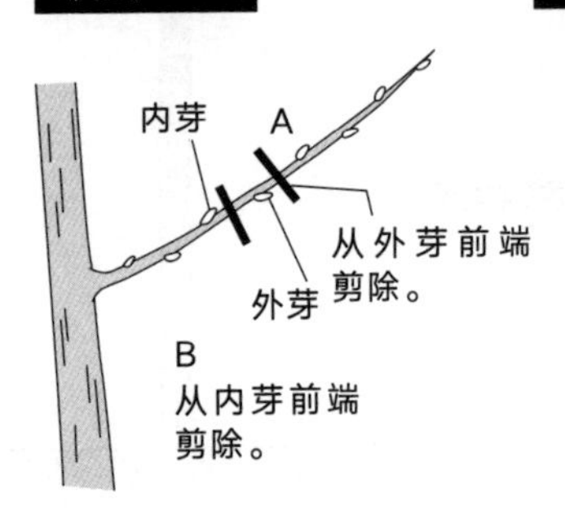

Q3

为拉开树枝间距而进行修剪时，正确的位置应该是A、B、C中的哪一处呢？

级别 ☆

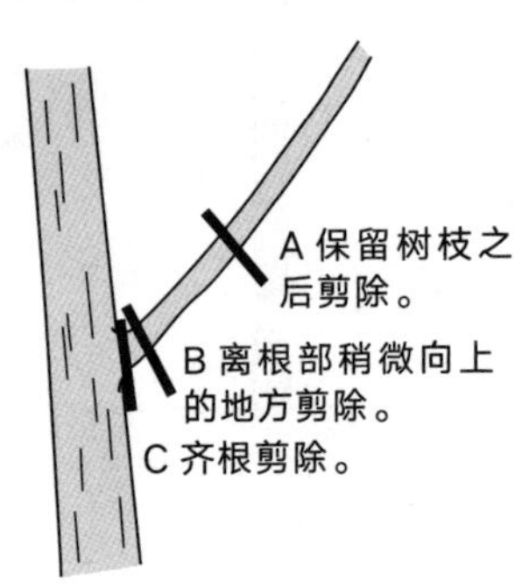

Q4

想要维持绿篱的形状，A、B、C 之中的哪一处是正确的修剪位置？

级别 ☆

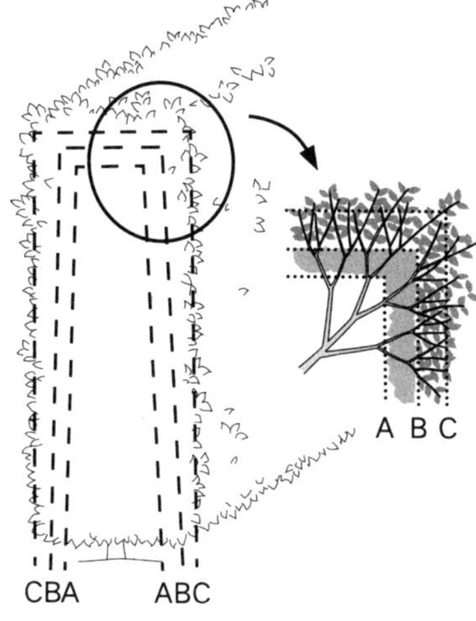

A. 在比前一年深的位置大幅度修剪。
B. 在和前一年相同的位置大幅度修剪。
C. 在比前一年浅的位置大幅度修剪。

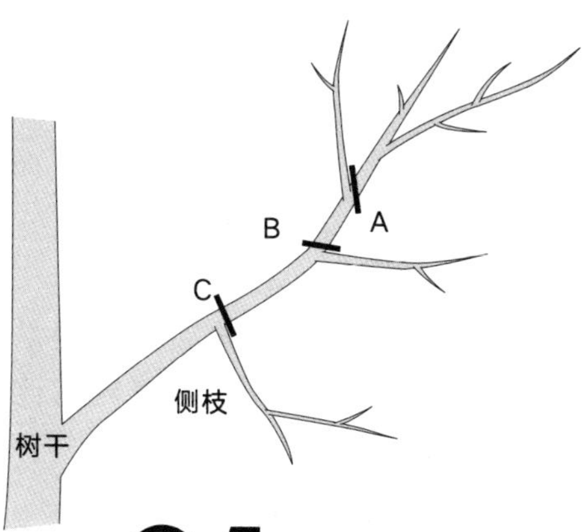

Q5

想要维持树木的大小，从 A、B、C 哪一处修剪比较好呢？

级别 ☆☆

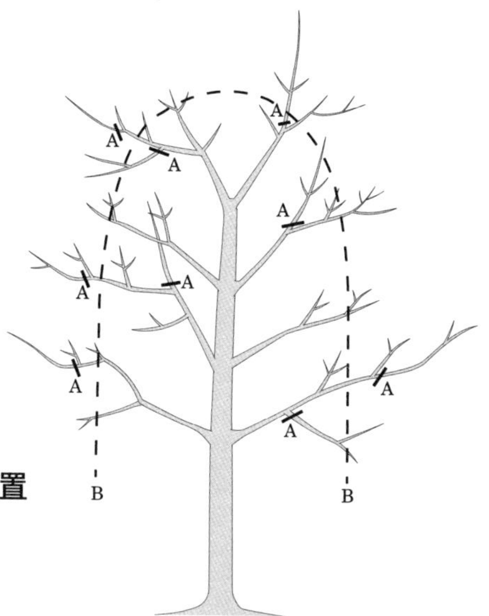

Q6

四照花的正确修剪位置是 A、B 的哪一处？

级别 ☆☆

Q7

枝条垂挂树种的树枝要从 A、B、C 哪个位置修剪比较好呢？

级别 ☆☆☆

Q8

请选择可以剪除的 7 根不需要的树枝，以拉开树枝的间距。

级别 ☆☆☆

从哪里开始修剪？修剪竞猜（答案篇）

Q1 的答案…B

A. 太浅了。一般植物都不适合用这种修剪方法。但八仙花或葡萄等树种例外，从节的中间开始修剪比较好。
B. 为正确答案。在芽上方 5 毫米左右的地方稍微倾斜角度剪除即可。
C. 太深了。切口太干燥时芽容易枯死。

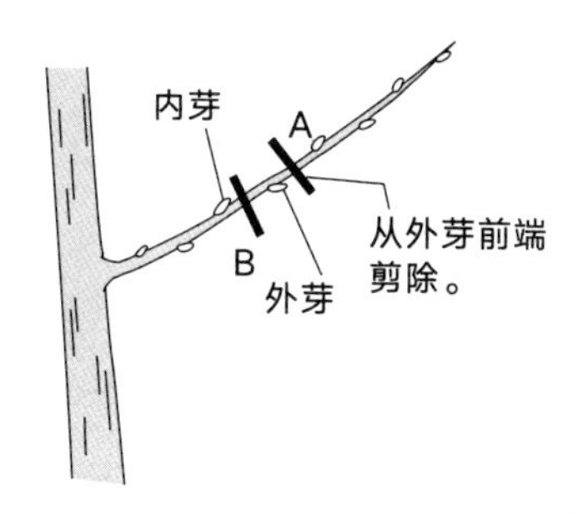

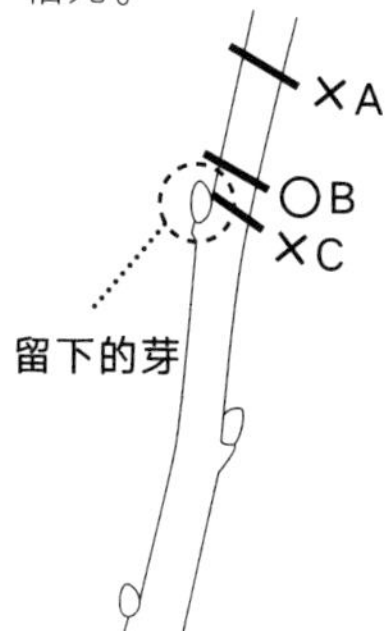

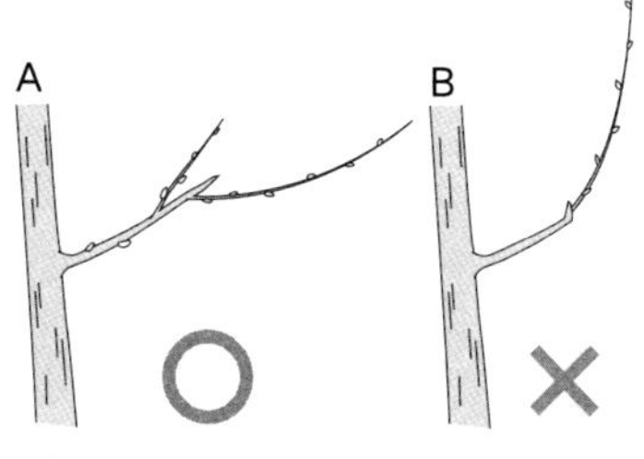

Q2 的答案…A

A. 正确答案。保留外芽，剪除其余部分，就能长成自然的树形。
B. 保留内芽的话，树枝容易疯长。

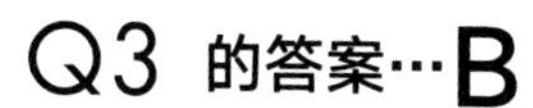

Q3 的答案…B

A. 在该位置剪除时，养分运送不到切口处。
B. 为正确答案。切口容易堵住。
C. 在该位置剪除时，不太容易封住切口。

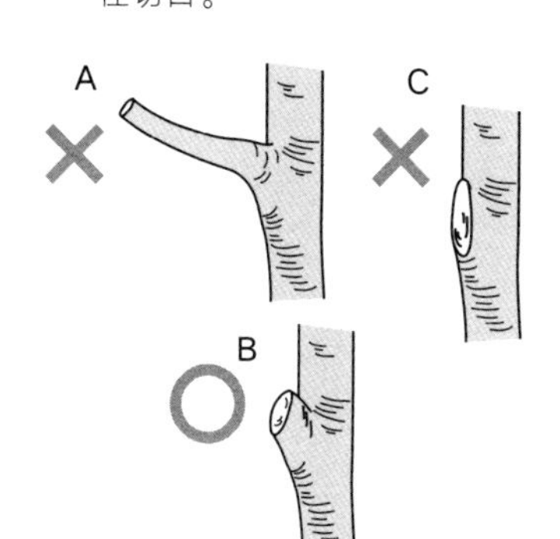

Q4 的答案…B

A. 太深了，不容易长出新芽，且容易枯萎。
B. 为正确答案。能每年维持绿篱的大小。
C. 太浅了，每年绿篱都会长大。

Q5 的答案…B

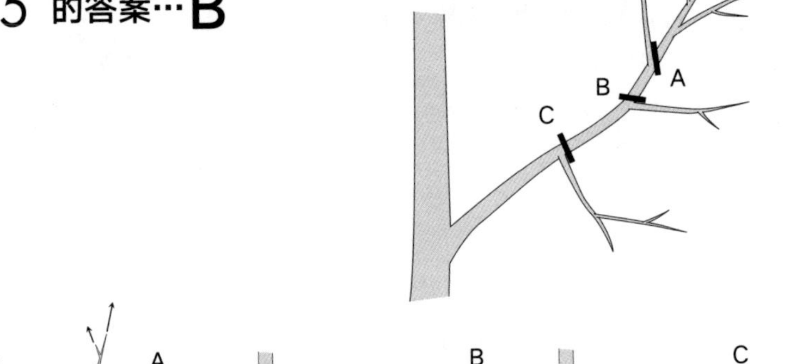

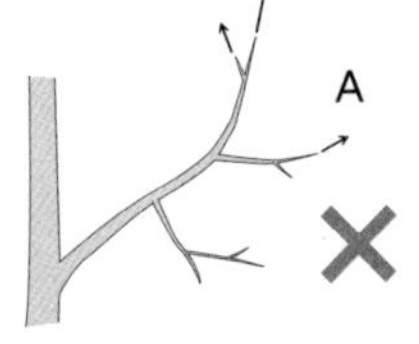

A. 保留从上部长出来的树枝，剪除其余的树枝，这样一来疯长枝就会生长。

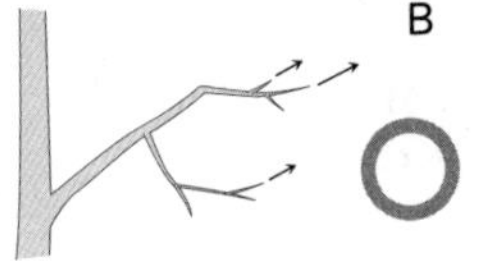

B. 为正确答案。树枝的生长很稳定。

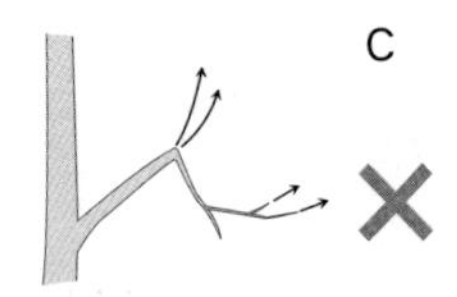

C. 保留从下方长出来的树枝或极细的树枝，剪除其余的树枝，这样会长出疯长枝。

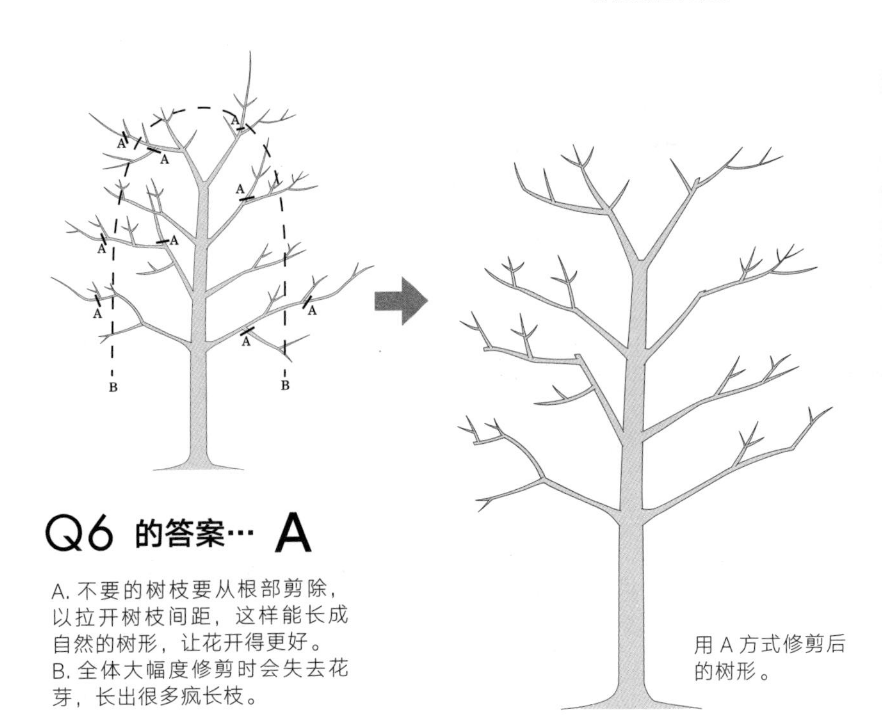

Q6 的答案… A

A. 不要的树枝要从根部剪除，以拉开树枝间距，这样能长成自然的树形，让花开得更好。
B. 全体大幅度修剪时会失去花芽，长出很多疯长枝。

用 A 方式修剪后的树形。

Q7 的答案… B

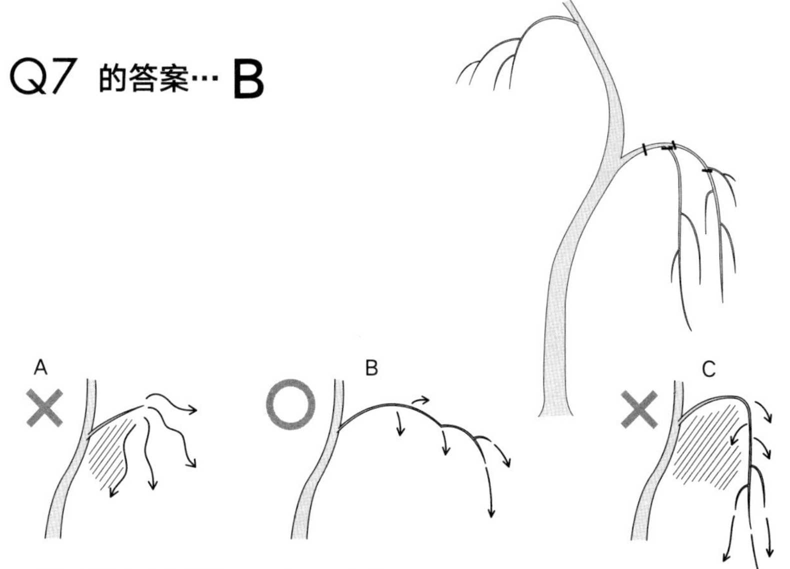

A. 剪短侧枝会让萌芽枝生长后结成块状。内侧混乱、照不到阳光，树枝容易枯死。

B. 拉开下方笔直生长的树枝间距，朝外侧呈弧状平行生长，阳光可照进内部，也能留下以后需要替换的树枝。

C. 切除朝外扩散的树枝后，会从垂下的树枝上长出垂挂的树枝，导致阳光照不到内部，造成树枝枯死的情况发生。

Q8 的答案

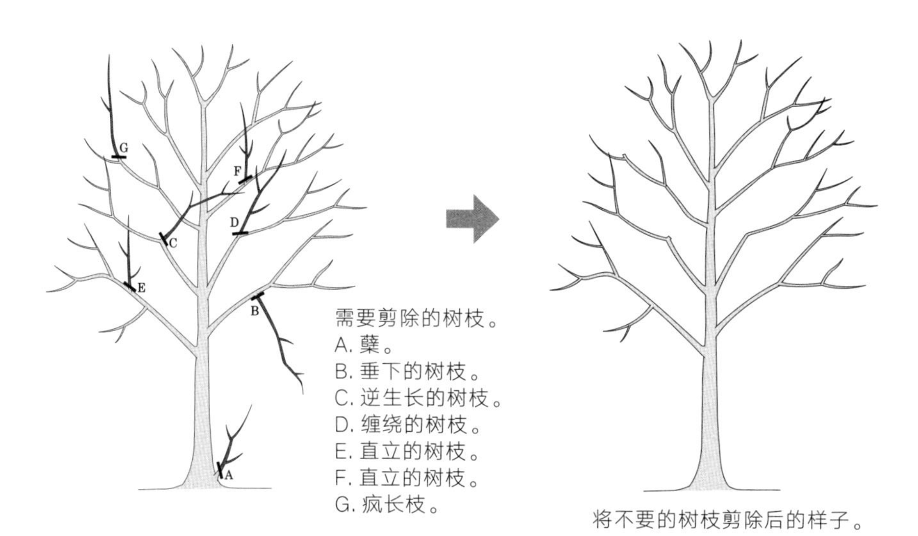

需要剪除的树枝。
A. 蘖。
B. 垂下的树枝。
C. 逆生长的树枝。
D. 缠绕的树枝。
E. 直立的树枝。
F. 直立的树枝。
G. 疯长枝。

将不要的树枝剪除后的样子。

图书在版编目(CIP)数据

植物修剪实操指南/(日)上条祐一郎著；赵娜，郑君幗译. －武汉：华中科技大学出版社，2019.5
ISBN 978-7-5680-4719-7

Ⅰ. ①植… Ⅱ. ①上… ②赵… ③郑… Ⅲ. ①园林植物－修剪－指南
Ⅳ. ①S680.5-62

中国版本图书馆CIP数据核字(2018)第285174号

植物修剪实操指南
ZHIWU XIUJIAN SHICAO ZHINAN

[日] 上条祐一郎　著
赵娜　郑君幗　译

出版发行：华中科技大学出版社（中国 · 武汉）　电话：（027）81321913
武汉市东湖新技术开发区华工科技园　邮编：430223
出 版 人：阮海洪

责任编辑：吕梦瑶　责任监印：秦　英
责任校对：尹　欣　装帧设计：张　靖

印　　刷：北京文昌阁彩色印刷有限责任公司
开　　本：889 mm×1194 mm　1/16
印　　张：10
字　　数：85千字
版　　次：2019年5月第1版第1次印刷
定　　价：39.80元

投稿热线：(010)64155588－8000
本书若有印装质量问题，请向出版社营销中心调换
全国免费服务热线：400－6679－118　竭诚为您服务